ちくま文庫

# オスとメス＝進化の不思議

長谷川眞理子

筑摩書房

オスとメス＝進化の不思議

目次

本文イラスト　長谷川眞理子

# プロローグ

## 性はなぜ誕生したか

　性差別について、セクハラについて、ワークライフバランスをどうするかについて、男性の育児休業取得率が相変わらず低いことについて、子どもが成人したあとの夫婦の離婚が増えたことについて、結婚しない（できない）若い人たちが増えていることについて、出生率がかつてなく低下したことについて、ＬＧＢＴＱをどう扱うかについてなどなど、この数十年あまりは、男女の問題に関して困ったことがいろいろと話題になります。これらの問題は、とげとげしいムードで論じられることも、ひたすら嘆かわしいという論調になることも、あきらめの混じった皮肉な口調で語られることもあります。現代は、性に関して、昔の固定観念が崩される方向に向かっているのは確実だと思いますが、混沌とした状況にあるのでしょう。男女の問題に対立と葛藤があることは明らかです。

　しかし一方で、男女の間は、いつでもそのようにぎすぎすしたものではありません。自分を理解してくれる人間の存在はうれしいものですが、それが異性の人間である場合は、格別なうれしさがあるものです。男女の愛は、不可能を可能にすることもあれば、愛ゆえに破滅へと導かれることもあります。人間は、異性との関係についてなんと多くを悩み、また同時にそこからなんと多くの喜びと活力を得ていることでしょう。それもこれもみんな、男と女などというものがいるからであって、ときには、男（女）なんてもうウンザリと思いつつ、恋愛ほど心楽しいものはありません。男女の愛情、恋愛、性的な結びつき、結婚と離婚は、数々の名作が生み出された人類の永遠のテーマの一つであり、これからもそうあり続けると思います。

　人間の男女が互いに魅惑されたり反発しあったりすることは、もちろん非常に人間的なことです。しかし一方で、性は人間以外の多くの生物にもあまねく見られる現象であり、人間の性は、生物としての性のさまざまな側面を背負っています。

　人間の男女の関係が、芸術の永遠のテーマの一つであるように、性にまつわる諸問題も、生物学の実に大きなテーマの一つです。いったい全体、性というややこしいものがなぜ出現したのかという根本的な問題は、いまだに現代生物学の謎の一つに数えられています。また生物の世界には、性はあっても雄と雌には分かれていないものや、性転換するものなど、奇妙なものが数々あります。そして、いったん雄と雌とに分かれたあとは、雄と雌は、決してどんなときにも仲良く手に手を取って協力して生きていくものとはならなくなりました。実際、男女の間の反発と対立の根元は、生物界に広く見られる雄と雌の間の葛藤に起源を発しているように思います。

## 「雄と雌」から「男と女」へ

さまざまな生物が営んでいる生活の多様さや、彼らが見せる驚くほど多様な行動については、昔から多くのことが知られてきました。深海の底に住むアンコウから、ニューギニアの奥地に住むアズマヤドリまで、知られている限りの生物に関して、少なくとも一行程度の記述はこれまでに得られているというのは、驚くべきことです。

生物が示すこれらの多様な行動の中でも、とくに興味深い部分は、たいていは繁殖にまつわる行動です。しかし、それらの行動について、彼らがなぜそのような行動をとるのか、なぜそれ以外の行動をとらないのかについては、私たちは長らくたいした知識を持ち合わせていませんでした。これらのことについて多少なりとも、秩序だった説明ができるようになったのは、たった一五〇年前のダーウィンに端を発しています。そして、ことに精密な科学として生物の行動を分析することができるようになったのは、ここ五〇年ほどのことであるといってよいでしょう。

ですから、なぜこの世には雄と雌しかいないのかとか、雄と雌がいるとなぜ、繁殖という共通の目的に向かって手に手を取り合う美しい関係ばかりができるわけではないのかなどについて、私たちが理解できるようになってきたのも、ほんのここ四〇年ぐらいのことなのです。

本書では、どのようないきさつで性というものがこの地球上に現れ、それが出現したあとには、雄と雌との間にどのような相互交渉が持たれるようになったのか、現代の進化生物学で知られているところのエッセンスをご紹介したいと思います。そして、それらの生物学的な知識をもとにすると、人間の男女の関係に対してどのような新しい光をあてることができるかについて、考えてみたいと思います。

さきにも述べましたように、男女の関係は限りなく奥が深く、人々の生活の時間とエネルギーの非常に大きな部分がそのために割り振られている問題です。また、ここには、個人の認識や感情の問題と、その個人が暮らす社会が持っている文化が男女をどう考えているかの問題とが、複雑にからみあっています。ですから、生物学が光をあてることのできる部分は、もちろん、人間の男女の問題の限られた部分でしかないでしょう。

しかし、現代の社会でいろいろと論じられている男女の問題を考えるためには、生物学からの性の知識が有効であることがたくさんあると私は思います。ヒトデやクジャクやゾウアザラシのやっていることが、直接、人間の問題にあてはまるわけでは決してありません。人間の問題は、最終的には人間について調べるべきであり、どのような解決をするべきかは、安易に他の生物のやっていることに見習おうとするのではなく、私たち自身で決断することです。そうではなくて、ヒトデやクジャクやゾウアザラシのやっていることを知り、彼らがなぜそのようなことをするのかを理解することは、私たちの問題を分析するための方法を模索する一助になるだろうと私は信じています。

# 第1章 性の起源——現代生物学の大きな謎

## 性と繁殖は本来無関係

人間にとって性と繁殖は非常に密接に結びついた概念です。人間にとって、セックス抜きの繁殖は、人工的な操作による以外ありえないことです。ほとんどの人々は、性は繁殖の手段であると思っているでしょう。だからこそ、現代人の性生活の中に、繁殖とは直接結びつかないセックスがたくさんあることが、ことさら問題にされたりするのだと思います。カトリック教会は依然、かたくなに中絶を拒否していますが、その背景にも、性が繁殖の手段であるということを一点の曇りもない真実として前提にしているという事情があります。

現在、私たちが身近に感じる多くの生物において、性と繁殖はこのように密接に結びついています。しかし、生き物は昔からこんなものだったわけではありません。

実は、性というものが始まったそもそもの理由は、繁殖とは何の関係もありませんでした。現在でも、人間とかイヌやネコとか私たちに身近な動物を離れて、生き物の多様な世界を見渡すと、性など介在させずに繁殖を行っている生き物はいくらでもあります。たとえばジャガイモは、切って埋めておけばまた新しいジャガイモが生まれてきます。明らかにこうやってジャガイモは増えたのですが、そこには性というものは関係していません。多くの植物はさし木で増やすことができますが、ここにも雄と雌の間の複雑なやりとりは含まれていません。つまり、自分と同じような物を再生産していくということに関する限り、性などというものを使わずにその仕事をしている生き物はたくさんいるのです。

繁殖にさいして性を使わない生き物がたくさんいるということ自体、繁殖のために性が必要不可欠なものではないことを示しています。さらに、生き物の繁殖ということを厳密に考えていくと、実は、雄と雌があって性的に繁殖するということは、あるはずのない不思議なことなのです。なぜ性が出現したか、なぜ性的に繁殖するものがこれほど多くいるのかという疑問は、現代の生物学の中でもっとも大きな疑問の一つなのです。まず初めに、性はいつごろなぜ始まったのか、性の存在はなぜ不思議なのかを考えてみましょう。

「生き物」とは何だろうか

さて、性は生き物の話ですから、性について考え始めるまえに、まず、生き物というものの特徴を確かめておきましょう。生き物は、無生物とどこが違うのでしょうか？　何をするから生き物と呼ばれるのでしょうか？

生き物と呼ばれるものはどれも、外界からエネルギーを取り入れ、そのエネルギーを使って自分の内部で化学反応を行い、自己を維持しています。つまり、代謝をしています。生き物は、初めから大きな物ができあがっているわけではなく、初めは小さかったものが、この代謝の過程で余ったものを利用して、だんだんに大きくなります。つまり、成長します。そして最後に、生き物は、自分と似たものを再生産します。つまり、繁殖をするわけです。個々の生き物の中には繁殖をせずに終わるものもありますが、今いるものはみな繁殖の結果生まれてきたのであって、生き物は無生物からわいて出ることはありません。

ところで、生き物の特徴である、代謝、成長、繁殖の三つのどの過程をとっても、性ぬきでそれを行うことが可能です。代謝や成長はもちろん個体の営みであって、そこには雄とか雌とかは関係ありません。性が関係してくるのは繁殖ですが、繁殖にあたっても、雄も雌もなく、ややこしい手続きもなに一つなく、自らのからだを二つに割ったり、からだの一部から芽を出したりして、自分の都合のいいときに、都合のいい分だけ繁殖を行う生き物はたくさんいます。人間の目には見えない細菌の仲間の多くはこのような性ぬきの繁殖を行いますので、およそ三八億年前、生き物がこの地上に現れたそもそもの初めのころには、性というものは存在しなかったのでしょう。つ

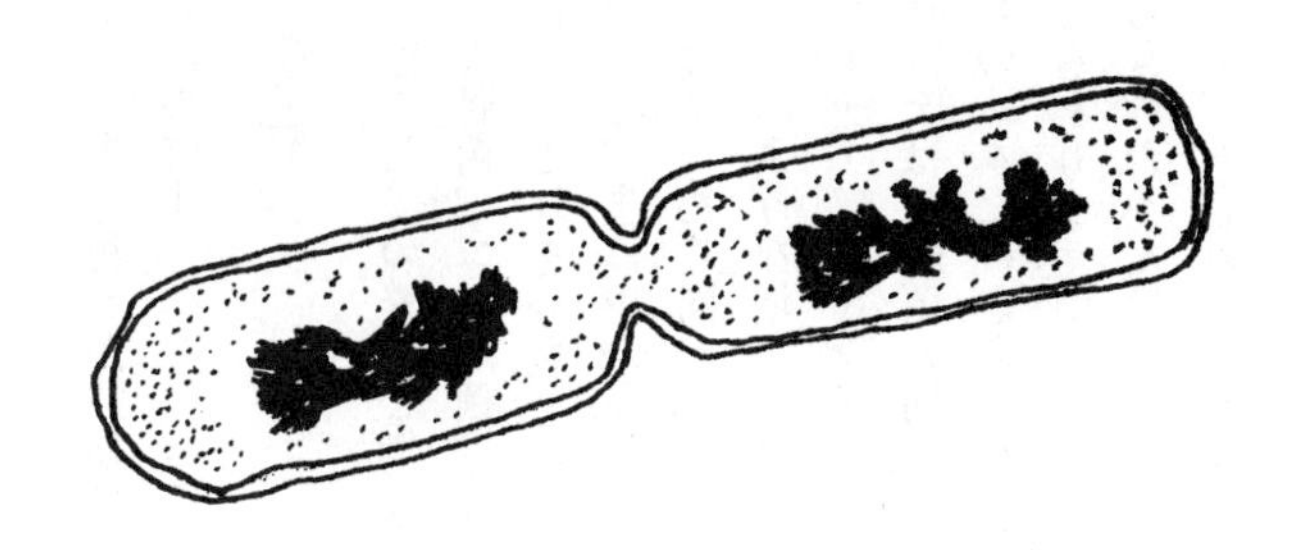


黒い固まりがDNAで、分裂に先だって2つに分かれている。

図1　大腸菌の分裂による増殖

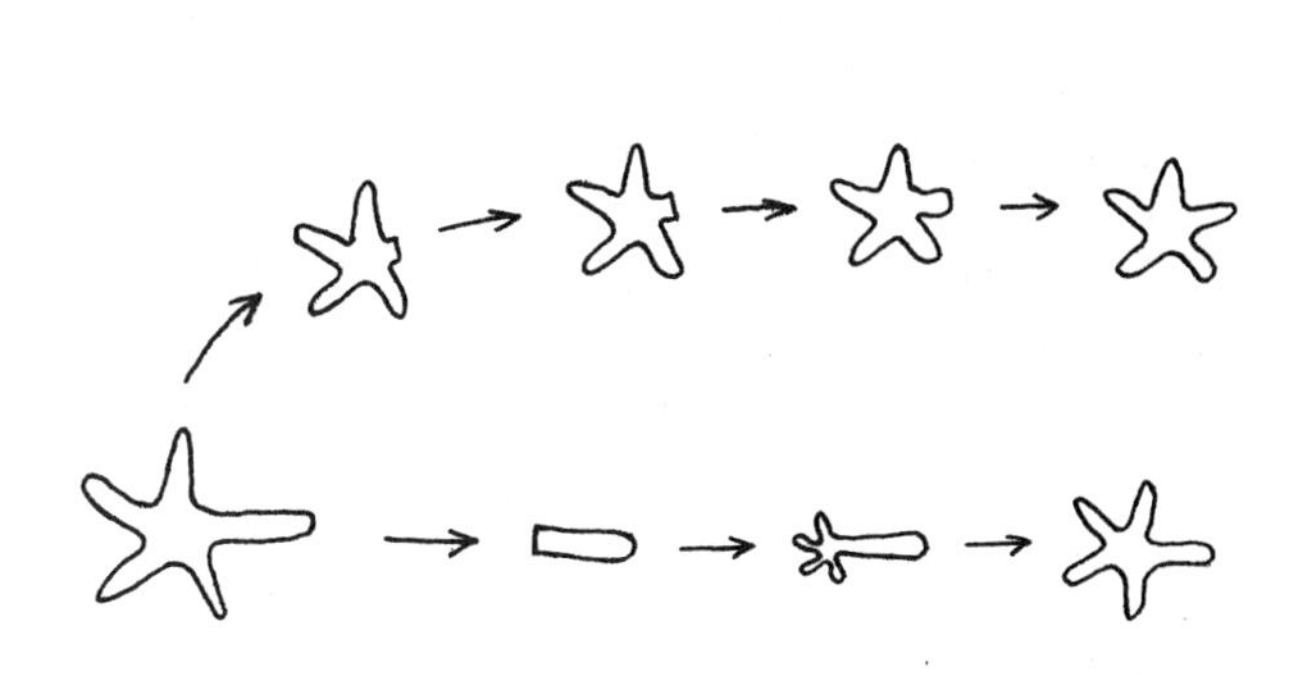


図2　ヒトデの手の切断と再生

まり「生き物」が最初に現れて、「性」はそのあとで、なんらかの原因によって出現したのです。

### 無性生殖

性なしでの繁殖を無性生殖といいます。

大腸菌、コレラ菌、赤痢菌などの細菌は、からだが二つに割れることで増えていきます。これを分裂といいます（図1）。細菌たちが栄養をたくわえてある程度大きくなると、まん中から半分に割れて、同じものが二つできるわけです。できあがった二つはまったく同一のコピーです。

このような増え方はなにも単純な単細胞の細菌に限ったものではなく、プラナリア、ヒトデ、イソギンチャクなどの、細菌よりも複雑な構造を持った生き物でも行います。ヒトデは、細菌と同じようにからだが二つになる分裂も行いますが、ヒトデの手のうちの一本だけがちぎれて、そのちぎれた一本からほかの手が再生されて増えていくこともあります（図2）。ちぎれた一本の手をもとに再生した一匹と、もとのヒトデのちぎれた手だけ一本分を再生した一匹と、合計二匹になるわけです。ホラー映画で、よく、ちぎれた手や足がピクピク動いている気持ちの悪いシーンがありますが、その手や足からもとの人間が再生されるというアイデアは、まだ見たことがありません。

酵母菌などは、自分のからだの一部に芽のようなものを出し、それがだんだん大きくなって、頃合になると分離して独立します。こういうやり方を出芽といいます。ここにも性はまったく関係していませんが、これも立派な繁殖の方法です。

### 有性生殖のパラドクス

生き物らしきものがこの地球上に初めて出現したのは、地球が誕生してからまもなくでした。それは、三八億年ほど前のことで、最初の生命は単細胞でした。そして、生命は海の中に限られていました。このころには性などというものはなく、これらの初期の生命は、先に述べたような無性生殖で増殖していきました。

このような原始的な生物の中に性というものが出現したのは、一五億年ほど前と考えられています。このころ、雄と雌というものが出現し、雄と雌が互いに相手を見つけて遺伝物質を交換することにより繁殖を行うという方法、つまり有性生殖が編み出されたのでした。

そこで、このような太古の海の中で起こったことを考えてみましょう。

性が出現する前まで、昔々の生き物たちは、みなが無性的に繁殖していたのです。

さて、分裂、出芽などの無性的な方法で生まれた子どもには親が何匹いるでしょう？　答えは一匹です。どの親も自分一匹で子を作り出すのですから、親は一匹以外にありません。そこで、そのような単細胞生物が一〇〇匹いたとして、全員が今分裂したら、次の瞬間には一〇〇匹の新しい子どもが出現するわけです。

ところが、性があるとどうなるでしょう？　このような単細胞の集団が雄と雌に分かれることになるので、その雄と雌が出会って互いに遺伝物質を出し合って子どもを作ることになります。すると、そうやってできた子どもたちには親が何匹いるでしょうか？　答えは二匹です。一匹の子どもを作るために雄親、雌親、二匹の親が必要なわけです。今、このように性的に繁殖する単細胞生物が一〇〇匹いて、その内訳が雄五〇匹、雌五〇匹であるとします。これらの雄と雌が互いに相手を見つけて性的に繁殖したとすると、次の瞬間には、五〇匹の新しい子どもが出てくることになります。

そこで、この有性生殖する集団と無性生殖する集団との繁殖速度を比べて見て下さい。どちらが速く増えるかといえば、これは一目瞭然、無性的に増える集団の方が、一度に二倍の子どもを作るのですから、無性生殖する集団の方が数が多くなるはずです（図3）。

太古の海の中で暮らしていた、無性生殖する単細胞生物の中に、一五億年ほど前、

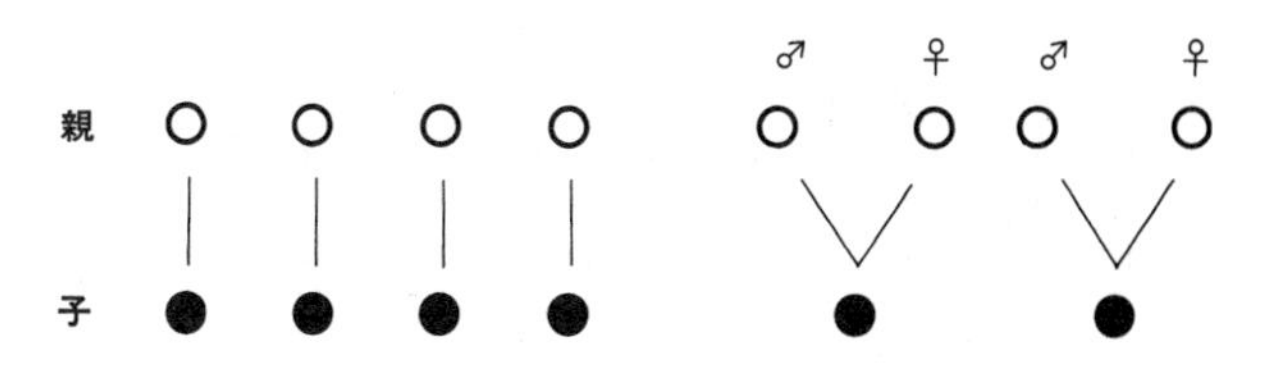

無性生殖では１匹の子に１匹の親しかいないが、有性生殖では１匹の子を作るのに２匹の親が必要。
本質的に有性生殖は、無性生殖に比べて効率が悪い。

図３　有性生殖と無性生殖の繁殖効率の比較

なんらかの突然変異で「性」というものが生じました。ところが、そういう変わり種は、その他大勢の無性生殖する仲間に比べると、半分の効率でしか増えることができないのです。ですから、最初に「性」というものが出現した理由が何であったにせよ、それは決して「増える」ための手段としてではなかったはずです。増えるための手段だったとしたら、「性」は決して「無性」に勝てなかったからです。それでは、性があると、「増える」ということとは別にどんないいことがあるのでしょうか？　これは大きな謎です。

無性的に繁殖する生き物には親が一匹しかいないのに、有性的に繁殖する生き物には親が二匹いる、というのは本質的な差であって、どんなに繁殖のスピードを上げても、有性生殖する生物がこの差を解消することはできません。有性生殖の効率は、無性生殖の効率に比べて本質的に半分なのですから。つまり、繁殖という点から考えると、有性生殖は非能率もいいところで、はなはだ損なやり方なのです。

さらに、雄と雌の両方がいる生き物でも、雌だけで増えていく、処女生殖という方法があります。一方、雄だけで増えていく生物というのはありません。そこで、有性生殖の本質的な非能率性を、「雄を作るコスト」と呼ぶこともあります。つまり、一〇〇匹全員雌だったら一〇〇〇匹の子が作れるのに、五〇〇匹分雄にすることによって、五〇〇匹の子しか作れないようなシステムになってしまったからです。

このような数の上の非能率性だけでなく、有性生殖には、無性生殖にはないややこしさがあります。第一に、雄は雌を、雌は雄を、というように正しい相手を見つけねばなりません。海の中に浮いているような生き物の場合、短い一生の間に本当に正しい相手に巡り会えるかどうかは、深刻な問題でしょう。第二に、無性生殖ならば自分の都合だけで繁殖ができますが、有性生殖には相手の都合があります。たとえ正しい相手と巡り会えたとしても、先方の準備ができていないかもしれません。

こう考えると、有性生殖に不利なことはたくさんあります。太古の海の中で、たとえ有性生殖する生物が少しだけ出現したとしても、その繁殖の非能率性のために、いつまでも無性生殖する仲間の片隅に小さくなっていたに違いないのです。しかし、現

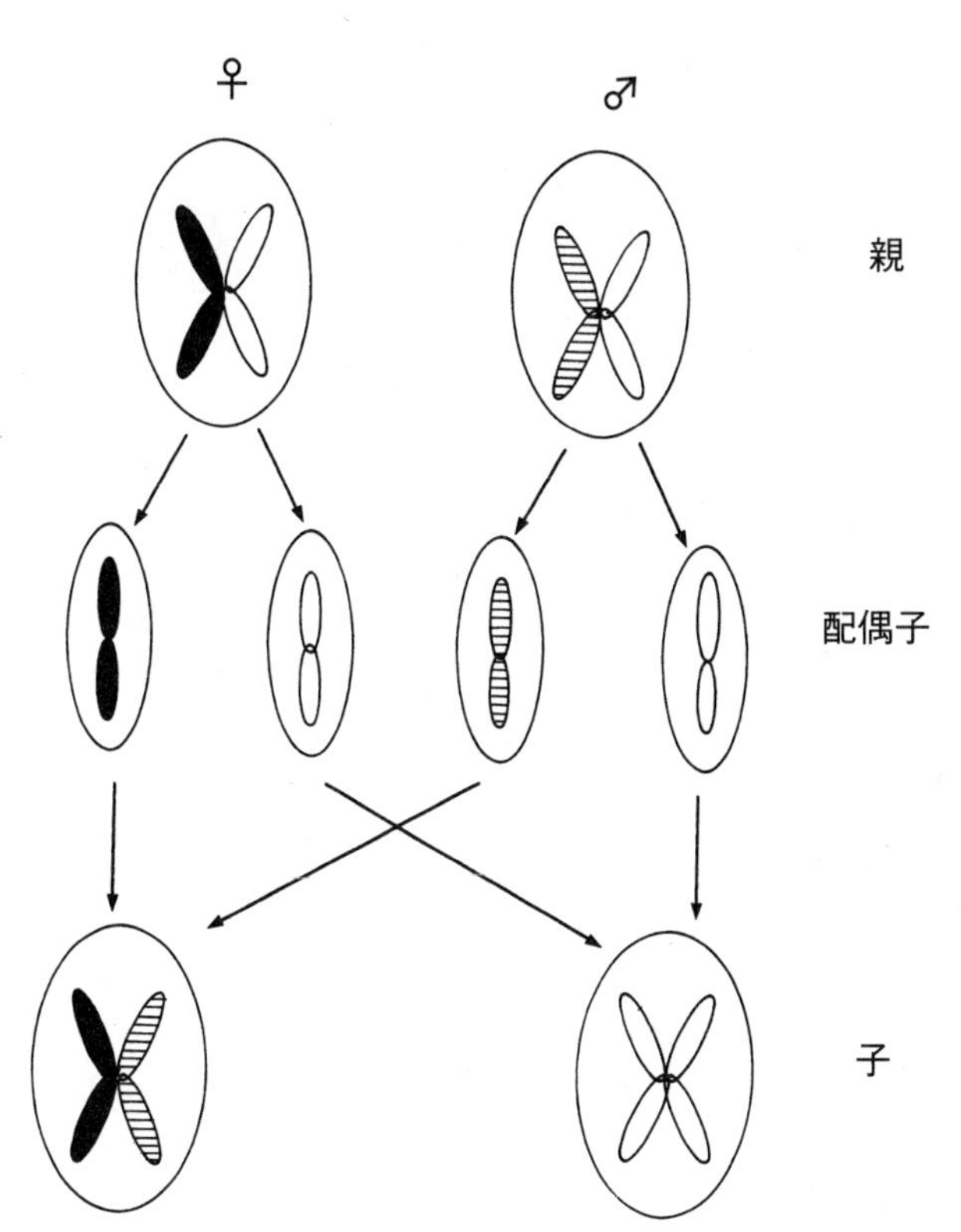


配偶子は、親の持っている遺伝物質を半分にして作られる。配偶子が２つ一緒になって作られた子どもは、親の忠実なコピーではない。

図４　有性生殖による遺伝子の組み換え

実には、有性生殖は非常に繁栄し、その後の生き物の歴史の中で主流となりました。

なぜそんなことができたのでしょう？　それを解明するために、現在でもたくさんの研究が行われ、議論がたたかわされています。しかし、ともかくその理由を見つけるには、性というものを繁殖とは別の観点で見なければいけないようです。

## 性の本質とは遺伝物質の交換

ここで、性というものをもう一度見直してみましょう。有性生殖する生き物は、雄と雌が一緒になって何をしているのでしょう？　雄と雌は、それぞれが、自分の遺伝情報の半分が詰まったパッケージを出し合って、それを混ぜ合わせて新しい子どもにしているのです。それぞれが自分の持っている遺伝情報の「半分」を渡す理由は、全部渡してしまったら、子どもの持つ遺伝子の量が親の二倍になってしまうからです。遺伝子の量が本来のものの二倍になってしまうと、たまには種なしスイカのように便利なものが生まれるとしても、種なしスイカを含め、たいていは生存力、生殖力がなくなってしまいます。

さて、双方の親から半分ずつ遺伝子をもらい、それを混ぜ合わせてできあがった新しい子どもは、親とまったく同じコピーになるでしょうか？　そうではありません。

どちらの親にも似てはいますが、雌親の忠実なコピーでも雄親の忠実なコピーでもない、新しいものができあがっているはずです（図４）。

無性生殖から「繁殖」という要素を差し引くと、あとには何も残りません。有性生殖から「繁殖」という要素を差し引いて眺めてみましょう。そうすると、雄と雌の遺伝物質の交換という行為が残ります。そうしてできた子どもは、無性生殖の子どものように、親のまったくのコピーではありません。つまり、有性生殖の子どもは、みな、親とは少しずつどこか違ったところを持っているのです。そこで、「性」の本質的な意味は、この遺伝物質の交換にあるのだろうという推測ができます。性の謎を解く鍵は、このあたりにありそうです。有性生殖になにか特別に有利な点があるとすれば、ここにこそあるはずです。

## バクテリアのセックス

この推測を裏付けるような、おもしろい現象があります。それは、さきにご紹介した、無性的に繁殖するバクテリアの仲間たちが、ときとして、増えることとはまったく関係なしに「セックスをする」という現象です。これをバクテリアの「接合」といいます。接合のときがくると、二匹のバクテリアが寄り添い、互いに細い糸のようなものを出し合って、それで互いのからだをつなげます。そして、一方の細胞から他方の細胞に、細胞の中身を注入するのです。そうすると、相手の細胞の中身の一部をもらった方のバクテリアは、それまでの自分が持っていなかったものを持つことになり、以前とは少しだけ違った自分になることができます。

バクテリアは、一生のあいだにこのような接合を何度か行い、細胞の中身の一部をもらったりあげたりして暮らしています。しかし、接合と繁殖とはなんの関係もありません。接合のときには互いの細胞の中身の一部をもらったりあげたりするだけで、個体数はまったく変化しないのです。増えるためには、バクテリアは、さきに述べたとおり各自が勝手に好きなときに無性生殖して増えます。

接合と増えることとはまったく関係がないばかりでなく、逆に接合の結果、数が減ってしまうことさえあります。接合では、一方のバクテリアから他方のバクテリアへ、細胞の中身の一部を移すのですから、どのみち、あげた方の細胞は少し痩せてしまいます。ところが、なにかの手違いでこの流出が止まらなくなると、一方の細胞の中身がすっかり他方へと流れていってしまい、あげた方のバクテリアが、空気の抜けた風船のようにぺしゃんこになって死んでしまうことがあります。バクテリアにとって、この「セックス」はたいへん危険なものでもあるわけです。

それでは、バクテリアの接合には、なんの意味があるのでしょう？　増えることとは関係がないのに、バクテリアはなぜときどきこんなことをするのでしょう？　それは、他人のものと混ぜ合わせることにより、自分自身の組成を少し違ったものにするためであるようです。では、自分の組成を変えることには、どんな意味があるのでしょうか？

## 単細胞生物の悩み

生き物は、この地球上に住む限り、空気の状態、水の状態、気温、湿度、天気、災害などいろいろな物理的環境の影響を受けます。暑くなったり、寒くなったり、急に水浸しになったり、逆に水が干上がったり、といったことに対処していかねばなりません。

また、それだけではなく、生き物は自分以外の生き物ともさまざまな関係を持っています。ある者は餌になるでしょうから、そういう者はうまくつかまえなくてはいけません。ある者は自分を食べにくるでしょうから、そういう者からはうまく逃げなくてはいけません。中には、自分に取りついて栄養を横取りしようとする寄生者もたくさんいます。ウイルスや細菌は人間に寄生して病気を引き起こし、たいへんな迷惑を及ぼしますが、彼らが取りつく相手は人間とは限りません。太古の海の中の時代から、こういう厄介者はたくさんいて、当時の単細胞生物たちを大いに悩ませていました。

ウイルスや細菌などの寄生者が他の生物に寄生しようとするときには、相手のからだの中にうまく潜り込まなくてはいけません。しかし、生き物は普通、そういう悪者が潜り込んでこないように自分のからだを防御する体制を持っています。タンパク質で作った金庫のようなものです。寄生者の方は、その防御体制を、なんとか見破って突破してきます。つまり、タンパク質の金庫の鍵穴に合う鍵を作り出してくるわけです。

いま、無性生殖をする単細胞生物がいて、そこにウイルスが取りつこうとしたと考えてみましょう。さて、ウイルスは、その生き物のからだの防御機構を見破ってうまく侵入することに成功しました。その単細胞生物は無性的に繁殖するのですから、その子どもたちは親とまったく同じコピーです。すると、いったんウイルスが親のからだの防御機構を見破って侵入するすべを発達させてしまえば、そのウイルスの仲間は、その単細胞生物の子どもたち全員のからだにも潜り込めることになります。そうすると、その生物がいくら繁殖しても、みんな同じ穴のムジナですから、親子ともども全員が一網打尽にウイルスにやられてしまうでしょう。

そこで、ときどき接合を行い、途中で自分自身の組成を少しずつ変えておくと、タンパク質の金庫をときどき新しい物に取り替えるのと同じことになります。自分自身もウイルスから守られるようになるでしょうし、そこで無性的に繁殖すれば、接合の前に作った子どもたちとは違う子どもができますから、彼らもウイルスから守られるでしょう。このように、自分自身の組成をときどき変えていくということは、ときどき錠前を新しくするのと同様、対寄生者対策として、非常に有効な防御策なのです。

これで、遺伝物質の混ぜ合わせをし、自分を少しずつ変えていくという「性」の本質が、なぜ有利であるのかがわかりました。それは、刻々と変わる環境、それも寄生者という生物的環境に対処するための保険のようなものだったのです。これは、確かに繁殖そのものとは関係がありません。

まとめると、無性生殖だけしかなかったころから、「接合」という行為はあったけれども、一五億年ほど前に、「遺伝物質を混ぜ合わせて新しいものを作る」ことと、「増える」ことという、まったく意味の異なる二つの行動を同時に行うものが出現し、「有性生殖」が始まった、ということではないでしょうか。有性生殖をする生き物ですと、子どもたちは親とまったく同じコピーではありません。ですから、子どもたちのからだの防御体制も、親のそれとは少しずつ違っています。つまり、鍵が少しずつ違っているのです。そうすると、たとえウイルスがやってきて親のからだに侵入するすべを見いだしたとしても、その同じ手で子どもたちにまで侵入することはできません。そこで、有性生殖の子どもたちは、無性生殖の子どもたちのように一網打尽にやられてしまうことはないのです。

温度、湿度、水の状態などの物理的環境に対処するだけであれば、一定の安定した環境に落ち着いた場合には、生き物には、その場にもっとも適したタイプというものがあるはずです。そういう場合、無性生殖する生き物は、自分がもっとも適したタイプであれば、それとまったく同じタイプの子どもを作っていけばそれでいいのです。

しかし、寄生者対策というのはこれとは少し違い、最適なタイプというものが存在しません。つまり、ウイルスや細菌などの寄生者は、つねに新しいものがどんどん襲ってくるので、ある一つのタイプのウイルスに対して二重三重に万全の防御をほどこしても、別のタイプがやってくれば意味がなくなってしまいます。こういう事態に対処するには、どうしたらよいのでしょう？　つねに鍵を新しいものに取り替えること、つねに新しいタイプの防御体制に作り変えることしかありません。そこで、有性生殖は、雄と雌の遺伝物質を混ぜ合わせることにより、つねに新しいタイプの子どもを作るので、このような事態に対処するのに有利なのだと考えられるのです。

ルイス・キャロルの『鏡の国のアリス』のお話の中に、アリスが、やみくもに走り続けているチェスの赤の女王に会うところがあります。なぜそんなに走り続けているのかとアリスが尋ねたのに対して、赤の女王は、「同じところに留まっているためには走り続けていなければいけないのだ」と答えます。

生きてい続けるためには、絶えず違ったタイプのものを生みだしていかねばならない、というわけで、有性生殖の進化に関する前記の説は、「赤の女王仮説」と呼ばれています。これで有性生殖の謎が全部解けたわけではありませんが、いまのところ、有力な仮説と思われています。

## なぜ雄と雌がいるのか

さて、なぜ有性生殖が出現したのかという謎については、このくらいにしておくことにして、次に、もう一つ別の疑問を考えてみたいと思います。有性生殖の真の意味が、遺伝物質の交換による、新しいタイプの製造にあるらしいことはわかりました。ところで、もし違う個体どうしが集まってなにか混ぜ合わせることが重要なのだとしたら、なぜそれが「雄」と「雌」でなければならないのでしょう？　混ぜ合わせて新しいものを作るのならば、雄も雌もなく、誰が誰と混ぜたってかまわないではありませんか？　有性生殖の出現自体は、「雄」と「雌」というものの出現を説明していません。なぜ、遺伝物質の交換は「雄」と「雌」の間で行われるのでしょう？　また、なぜ「雄」と「雌」しかなくて、第三、第四の性はないのでしょう？

　この疑問を考える前に、まず、雄と雌とは何であるのか、雄と雌とは、本質的には何が違うのか、ということをはっきりさせておかねばなりません。人間だけでなく、哺乳類だけでなく、すべての動物、植物、何にでもあてはまる、雄と雌の定義は何でしょう？

　それは、卵を作るか、精子を作るかの違いです。卵を作る個体を雌、精子を作る個体を雄と呼ぶのです。では、卵と精子の違いは何でしょう？　それは、大きさの違いです。卵は、遺伝情報のほかに栄養をつけているから大きく、精子は遺伝情報だけで栄養など持っていないから小さいのです。そこで、雄と雌がなぜいるのかという疑問は、なぜ、卵と精子という、大きさの異なる二種類のものができたのか、という疑問になります。

　この疑問に対する最終的な解答は、太古の海の中に消え去ってしまい、永久にわかりません。一五億年の昔に起こった出来事を示す何の証拠も残っていないからです。しかし、ありそうなシナリオを考えてみることはできます。イギリスの三人の科学者が考え出した、もっともありそうなシナリオというのを、次に紹介しましょう。

太古の海の中で有性生殖を始めた生き物たちは、それぞれが、自分の遺伝子の半分がつまったパッケージを海の中に放出し、それが誰かの放出したパッケージと出会って子どもになることを運にたくしました。このように、次代の子どものもとになる、遺伝物質のつまったパッケージを「配偶子」と呼びます。

太古の海の中は、それほどやさしい環境ではなかったでしょうから、こうして放出された配偶子の多くは誰にも出会わずに死んでいったことでしょう。運よく相手に出会えた配偶子だけがちゃんとした「子ども」になれたのです。そうです。このころにはまだ雄も雌もなかったのです。相手が「配偶子」でありさえすればよかったのです。つまり、有性生殖が出現した最初には、「雄」も「雌」もなく、本当に誰とでもいいから混ぜ合わさることだけに意味があったのでしょう。

配偶子は遺伝情報のつまったパッケージであり、それが、荒れた海の中に放出されてなんとか生き延び、相手を見つけて合体せねばなりません。ところで、泳いでいくにはエネルギーがいります。厳しい「一人旅」に出ていく配偶子が、一番大切なものである遺伝情報のパッケージだけでなく、もしもほんの少しだけ親から栄養をつけてもらって海の中に出てきたならば、そのような配偶子が生き延びる確率はずっと高くなるでしょう。そこで、もし親の細胞の中に、突然変異で、配偶子に栄養を少し足してやるようなものが出てくれれば、そのようなものの子孫はたくさん生き残るようになるでしょう。

このように、太古の海の中に配偶子を放出する細胞の中に、配偶子に少しでも栄養を持たせてやるものが出てきたら、それはたいへん有利な方策であることは間違いありません。そこで、どのくらいの栄養を持たせてやるかということに、細胞ごとに少しずつ変異があったと仮定します。すると、海の中に放出されてきた配偶子の間には、どれだけの量の「お弁当」を持っているかに関して、個体ごとに差があることになります。

さて、いったんこういうことが始まると、あとに続いて何が起こるでしょうか？お弁当をたくさん持っている配偶子ほど、当座の栄養がたくさんありますから、生きていられる時間が長くなります。ところが、たくさんのお弁当を持っているほど、当然「体重」が重くなります。重いものは、海の中でどんどん先へは進めません。つまり、栄養をたくさん持つようになるほど、生き延びはするものの、機動性が低くなります。

逆に、お弁当を少ししか持っていないものほど、食べるものがありませんから、早く死んでしまうでしょう。しかし、何も持っていない分だけ速く動けますから、機動性が高くなります。

このように、栄養保有量・生存率と移動速度とがまちまちに違う、雑多な配偶子がうろうろしているときに、相手に出会うチャンスがどんなものであるか、想像してみてください。

なぜ精子と卵子しかないのか

一方の極で、栄養を全然持っていない配偶子は移動性がもっとも高いので、同じく栄養をまったく持っていない者と出会う確率が一番高いでしょう。しかし、このような、栄養を持っていない者どうしの組合せは、たとえ一緒になっても、生き残る望みがありません。食べる物がないからです。では、他方の極で、お弁当を一番たくさん持った者どうしが一緒になれば、どうでしょう？　あり余る栄養があって、生き延びるには十分です。ところが残念ながら、このような速度の遅い者どうしが出会うことは滅多に起こりません。どちらもほとんど動かないのですから。

では、お弁当をたっぷり持った配偶子と、全然持っていない配偶子との組合せはどうでしょう？　大きい方の配偶子が持ってきた食べ物は十分ですから、合体後も生き延びることはできるでしょう。また、小さい方の配偶子がよく動き回るので、このような組合せで出会いが生じる確率も低くはないでしょう。これはうまくいきそうです。

そこで、こういう極端な者どうしではなくて、さまざまな中間的な大きさの配偶子どうしの出会いを考えてみましょう。中途半端に栄養を持った者どうしが出会ったらどうでしょう? 両者の栄養の合計がある程度以上であれば、生き延びていくには十分です。しかし、そのような配偶子は、機動性も中途半端にしかないので、その組合せで出会いが生じる確率は、少し低くなるでしょう。また、両者の合計の栄養の量が少なすぎる場合には、動き回る速度は少しは速いので、出会いのチャンスはありますが、生き延びる望みが低くなります。

というわけで、おそらく、もっとも起こりやすく、なおかつ生存率も高い組合せとしては、栄養をたっぷり持った配偶子と栄養を全然持っていない配偶子との組合せだけになります。他のどんな組合せも、出会いの確率か生存率かどちらかの点で、この組合せよりも不利となるのです。

持っている栄養の量にさまざまな変異のある配偶子をたくさん海の中に流して、互いに相手を見つける競争をするという状況を、コンピュータでシミュレーションしてみます。すると、結局最後には、非常に大きな配偶子と非常に小さな配偶子の二種類

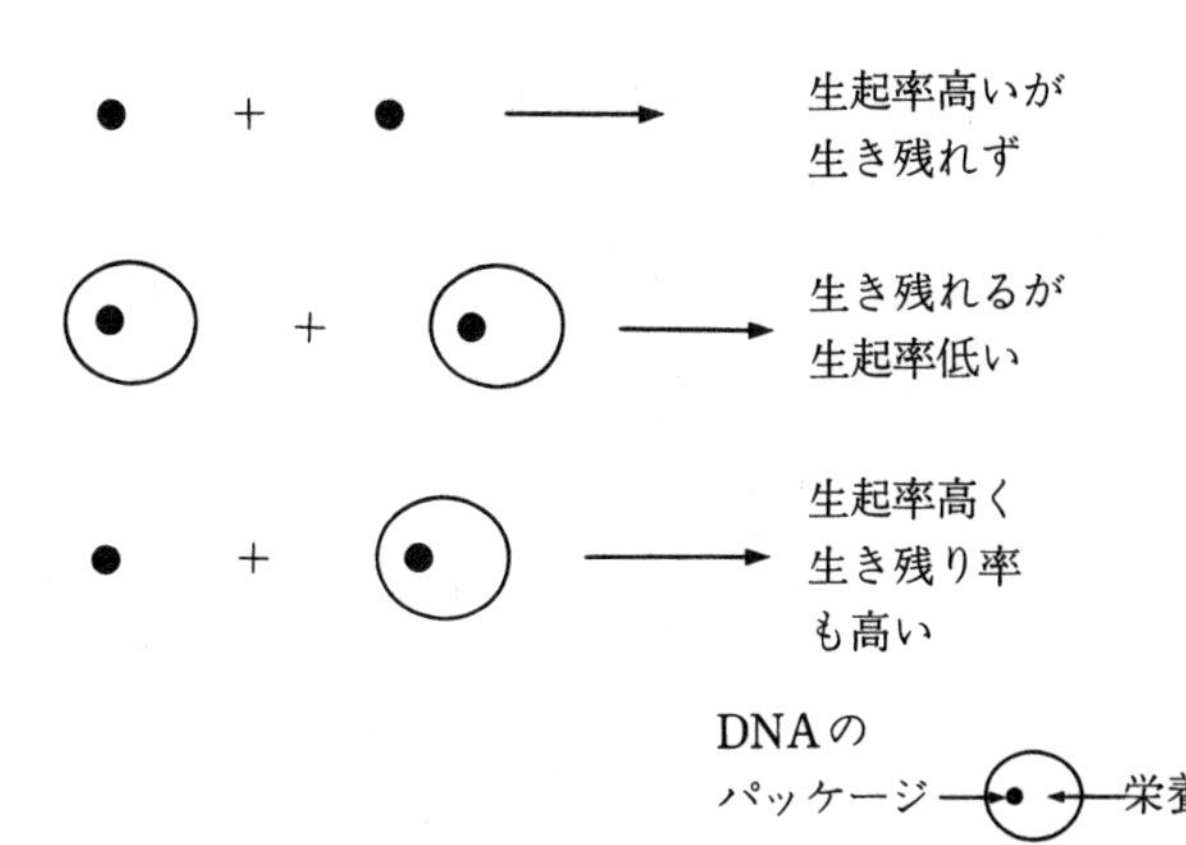


図5　2種類の配偶子（卵と精子）の進化

のみになってしまいました。中間のさまざまなタイプは、みな不利となり、消えてしまったのです。こうして、栄養をたくさん持って来ることに特殊化した卵子と、速く動いて相手を見つけることに特殊化した精子と、二種類の配偶子ができました。かつ、この二種類しかできないのです（図5）。これが、この世に「雄」と「雌」のできた理由であり、第三のタイプの配偶子は存在しない理由なのだと考えられます。

## 同型配偶子と異型配偶子

これまでに説明してきた事柄は、おもに理論的な予測とシミュレーションの結果です。では、これは本当におよそ一五億年前に起こったことなのでしょうか？

本当なのかどうかの直接の証拠はありませんが、ここにおもしろい事実があります。それは、配偶子を放出して有性生殖する生物の中に、精子と卵子のような大きさの区別がなく、同じような形と大きさの配偶子を生産して放出するものがある、ということです。精子と卵子のように、違うタイプの配偶子を異型配偶子と呼びます。一方、形と大きさが同じような配偶子を、同型配偶子と呼びます。

同型配偶子では、一緒になって遺伝物質を混ぜ合わせる配偶子どうしの間に、形や大きさの点で違いはありません。つまり、精子と卵子のような違いはありません。では、同型配偶子の間には何の違いもないかと言うと、そうではないのです。みんながまったく同じ配偶子を放出し、それがどれとでも合体できるということではありません。これらはすべて、小さな微生物が行なっていることの話です。

同型配偶子であっても、中に持っている遺伝子には違いがあり、合体したのちに活性化される遺伝子にも違いがあります。そこで、これらの異なる同型配偶子は、配偶タイプと呼んで区別されています。このような配偶タイプに何種類あるのかは、種によってさまざまで、中には三〇種類もあるものさえあります。1番は2番と、3番は4番と、5番は6番としか配偶できない、ということが起こっています。

こんなことがなぜ進化したのか、その詳細はまだわかっていません。しかし、ここで重要なことが二つあります。一つは、生物には、細胞の中にミトコンドリアや葉緑体など、その生物の本来の構成要素ではなく、外から別の生物を取り込んだ結果、今は自分自身の一部になっているという、細胞内小器官と呼ばれるものがあることです。

植物でも動物でも、現生のすべてのものは、細胞の中にミトコンドリアという小器官を多数備えており、それらが細胞のエネルギー生産を担っています。しかし、ミトコンドリアは、そもそもは別の生物だったものが、現在の真核生物のもとができた時代に取り込まれ、今では完全に合体して一緒に生きています。さらに緑色植物では、細胞の中に葉緑体があって、それが光合成を行っていますが、この葉緑体も、もとは別の生物だったものが、植物の進化史の中で取り込まれ、緑色植物を生み出すもととなりました。

今や、ミトコンドリアも葉緑体も、動物や植物が生きていく上で必須の存在で共生しているのですが、その起源が別種の生物であることに変わりはありません。そこで、これらの細胞内小器官と、それらのホストとの間にも、それぞれの細胞内小器官をうちに持っているホストどうしの間にも、競争関係が生じます。その結果、配偶子どうしが合体するとき、これら、自分自身とは違うルーツを持った、しかし、生存のためには必須な小器官を、どちらの配偶子が持ち込んで次の世代につなげるかということに関して、複雑な競争が生じます。

そして、長い進化史の間に、どちらか一方の配偶子だけがこれらの小器官を持ち込み、他方は、それを全部捨てる、という結果に落ち着きました。どうやら、このときに小器官を持ち込めるようになったのが、卵子のようです。だから、私たちを含む動物でも植物でもみな、ミトコンドリアという小器官は、母方からのみしか継承されません。同型配偶子であっても、小器官をどちらが持ち込むかということには葛藤があり、その解決と同時に、栄養をつけた大きな配偶子と、栄養を持たない小さな配偶子との分化が始まった可能性があります。

もう一つの重要な話は、配偶子の分散可能性の問題です。配偶子として放出されたものが、遠くまで分散する可能性が低く、どのみち、その近くで配偶が起こるのならば、卵子と精子に分化する必要性はそれほど高くはありません。しかし、配偶子が遠くまで分散するのであれば、先に述べたシミュレーションのような状況が生じます。その場合は、異型配偶子が進化するでしょう。そういうわけで、放出された配偶子が、遠くまで分散する場合には、異型配偶子に進化する、というシナリオが考えられます。

近くで合体する可能性が高いような種では、同型配偶子が残されるけれども、遠くまで分散する場合には、異型配偶子に進化する、というシナリオが考えられます。

実際の生物の観察によれば、この仮説は支持されています。たとえば、海草のアマモの仲間で、近くで配偶が起こるものは同型配偶子ですが、遠くまで分散する種は異型配偶子になっている、などの観察結果があります。

# 第2章　生き物たちの奇妙な性

# 有性・無性自由自在

前章では、有性生殖のそもそもの起源や、卵子と精子というものの起源について見てきました。本章では、生き物たちのさまざまな性のあり方を検討することによって、性の持つ意味を、よりわかりやすく描き出してみたいと思います。

性の起源は繁殖とは関係がなく、性のもともとの意味は、多様性の創造にあるということを、前章で述べました。そのことをよく示しているのが、ふだんは無性的に繁殖しているのに、条件が悪くなると有性生殖に切り替える生き物たちです。

池や沼の水の中には、目には見えないたくさんの生き物が住んでいます。一滴の池の水を顕微鏡でのぞいてごらんなさい。思いもよらなかった不思議な生き物たちの世界が広がるはずです。

さて、池や沼の水の中に住んでいる、目だたない生き物の中に、ヒドラというものがあります。ギリシア神話やアンデルセンのおとぎ話などでは、ヒドラというのは、頭がいくつもある恐ろしい怪物ですが、現代の池の中に住んでいる本当のヒドラは、ほんの数ミリの大きさの無害な動物にすぎません。

本体から生えている小さなヒドラが分離して増える。

図6　ヒドラ

このヒドラは、チューブ状のからだの先端にいく本かの触手が生えただけの簡単な生き物で、この触手で捕えた、もっと小さな生き物を食べて暮らしています（図6）。いわば、消化管に手がついただけのようなものです。ヒドラは、ふだんは、自分のからだの一部から芽を出す、出芽という無性的な方法で繁殖しています。

ところが、池が干上がってきたり、温度が上がったり、というように住んでいる場所の環境が悪くなってくると、ヒドラは、無性的に生殖するのをやめて精子と卵を作り始めるのです。こうして有性的に生じた子どもは、あちこちに拡散して、新しいコロニーを始めます。

なぜこんなことが起こるのかを考えてみましょう。安定した環境に住んでいる間は、将来の予測が簡単につきます。しばらくの間は、いまと同じような環境であると見込んでよいでしょう。そのような時には、自分とまったく同じタイプのコピーを作るのは、良い方策です。自分はこれまでちゃんと生きてきたのですから、自分の持っている遺伝子は、その環境に適したものに違いありません。もし将来も同じような環境が続くのであれば、自分の子どもに、自分とまったく同じ遺伝子を与えておけば十分でしょう。

ところが、環境が不安定になり、将来どうなるか予測がつかなくなったらどうでしょう？　たとえ自分はこれまでうまく生きてこられたとしても、自分の子どもは、自分と同じ環境で暮らせるとは限りません。これまでの環境に対しては非常にうまく適応していた自分とまったく同じコピーをたくさん作っても、環境が全然違うものになってしまえば、そういう子どもたちが生き残れるという保証はどこにもなくなってしまいます。

そういうときには、有性生殖に切り替え、他の個体と遺伝物質を交換することにより、いろいろと違ったタイプの子どもを用意しておく方が有利となります。どんな環境になるにせよ、いろいろ取りそろえてある子どもたちの中から、どれか一匹はうまく生き延びられるかもしれないからです。

このことの説明には、よく宝くじのたとえが使われます。当たりの番号があらかじめわかっているような場合には（これが、環境の安定している場合に当たります）、もちろん、その同じ番号のくじをたくさん持っているのがいいに決まっています。しかし、ふつうはそんなことはなくて、どの番号が当たりなのかわかりません（これが、環境の予測がつかない場合に当たります）。そういう場合には誰でも、同じ番号をたくさん買うような馬鹿なことはしないで、いろいろな番号を買って、どれかが当たることを祈るはずです。

## 雄なしで子どもを作る方法

たとえ雄と雌が存在し、雄は精子を、雌は卵を作る生き物であっても、雄の存在は不要で、卵だけから子どもが生じるような繁殖方法を持っている生き物もあります。こういう繁殖の仕方を単為生殖と呼びます。

ヒドラと同じく池の水の中に住んでいる微生物であるミジンコは、雌が卵を作り、その卵は受精されることなくそのまま発生して、子ミジンコが生まれてきます。バラなどの庭木につくアブラムシなどもそうですし、脊椎動物のイモリの中にも、未受精になり、受精卵は雌になります。

また、直接に未受精卵から個体が発生することはできず、精子が必要ではあるのだけれど、精子が持ってきた遺伝子は使われないという奇妙な生物もいます。たとえば、淡水魚の一種であるギンブナがそうです。

ギンブナという魚は、日本中に広く分布していますが、二つの異なる集団がありま す。一つは、普通に雄と雌があって交配して繁殖している集団。この集団のギンブナの個体は、普通に雄側からと雌側からとの遺伝子が一組ずつ受け渡されている二倍体です。もう一つは、すべてが雌の集団です。この集団の雌は、遺伝子のセットを三つ持つ三倍体、ときには四つ持つ四倍体です。この集団では、雌が作った卵が発生していくためには雄との配偶が必要なので、交尾して精子を受け取るのですが、精子の核が卵の核に進入したあと、核を取り巻く膜が壊されないので、精子由来の遺伝子はまったく使われずに捨てられてしまいます。つまり、このようなギンブナ集団の子どもたちは、精子の持ってきた遺伝子を使わずに発生します。このような生殖法を雌性生殖、このような発生を雌性発生と呼びます。

こんなささいな役目しか持っていないので、このギンブナ集団には雄がいません。

そこでギンブナの雌は、コイやタナゴなど他種の雄を交尾に誘い、それらの雄から精子をもらっています。その精子は、ギンブナの卵が単独で発生するための刺激としてだけ利用され、実際に受精することはないのです。こうして、このギンブナは雌だけで存在していきます。

このときのコイやタナゴの雄のことを何と呼んだらいいのでしょう？「生みの親」ではもちろんなく、「育ての親」でも「名づけ親」でもありません。しかし、彼らの助けがなければギンブナの子どもは生まれてこられないのです。「発生の助けの親」とでも呼びましょうか？　雌性生殖、雌性発生の様式を持ち、雌だけしか存在しない生き物は、ギンブナのほかに、グッピーの仲間などでも見つかっています。

## 雌雄同体は理想の性？

カタツムリはお好きですか？「デンデンムシムシ、カタツムリ……」と歌って喜んでいたのは子ども時代だけで、フランス料理のカタツムリを食べるのが好きな人を除けば、あのぬらぬらしたナメクジの親戚が好きな人はあまりいないでしょう。ところがカタツムリは、性の生物学の上ではたいへん興味深い生き物なのです。彼らは、どの一匹を取っても、からだの中に雄の機能と雌の機能の両方を備えている「雌雄同体」なのです。

小さくて栄養を全然持っていない配偶子が精子で、大きくて栄養を持った配偶子が卵です。そして、精子を作る個体が雄で、卵を作る個体が雌だといいましたが、この世には、雄と雌が別のからだに分かれていない生き物もあります。カタツムリのようなこういう生き物は、同じ一つのからだの中に雌性生殖器官も雄性生殖器官も備えていて、卵も精子も両方作ることができます。そういう生き物を雌雄同体と呼びます。また、私たち人間のように、個体によって、精子だけしか作らない「専門の雄」と卵だけしか作らない「専門の雌」とに分かれている生き物を雌雄異体と呼びます。

さて、二匹のカタツムリが交尾しているところを見たことがある人はほとんどいないでしょう。彼らは、じめじめした夏の晩にゆっくりと時間をかけて交尾しますが、それが人の目にとまることはなかなかありません。カタツムリは雌雄同体で、自分の中に雄の器官も雌の器官も備えているのですが、「二匹」のカタツムリが「交尾」をするのですから、雌雄同体生物であっても、繁殖のためには相手が必要なのです。自分の作った精子と卵を受精させるのでは、わざわざ卵と精子など作らずに無性生殖した方がましです。性の基本は多様性の創造ですから、他人のものと交換せねばなりません。そこで雌雄同体生物たちは、二個体が出会うと、互いに、自分の精子と相手の

図7　異常繁殖したカタツムリ（シチリア島／長谷川寿一撮影）

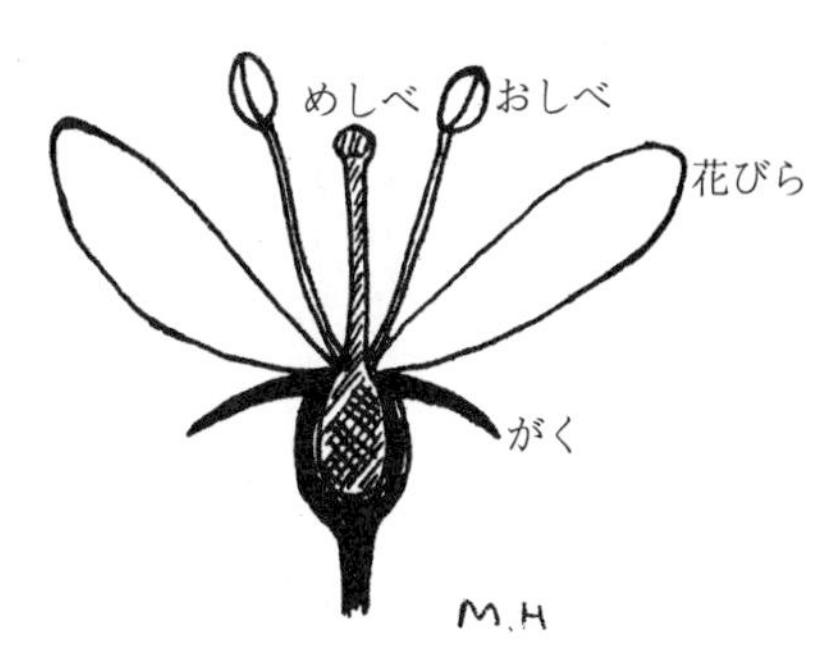


多くの高等植物はおしべとめしべを両方そなえた両性花を持っている。

図8　花（両性花）の断面

卵、自分の卵と相手の精子とを出し合って受精します。

このように奇妙な方法でひっそりと交尾するカタツムリですが、ときには大発生して農作物に被害を与えることがあります。私は、一九九〇年にシチリア島のアグリジエントで、あたり一面、植物という植物がすべてカタツムリで覆われているのを見たことがありますが、あれは、かなり気持ちの悪い、異様な景色でした（図7）。

雌雄同体のもっと身近な例は、そこらに生えている高等植物でしょう。ほとんどの花には雌しべと雄しべがありますが、あれはつまり、雌性生殖器官と雄性生殖器官が同じからだに同居しているわけですから、ほとんどの植物は雌雄同体なわけです（図8）。

雌雄同体は英語ではヘルマプロダイトと呼びます。これは、ギリシア神話の中のもっともハンサムな男の神様であるヘルメスと、美と愛の女神であるアプロディテが一つのからだに合わさったものです。

ギリシア・ローマ時代には、男性の理想美と女性の理想美を合わせ持った両性具有は、人間の美の理想と思われたらしく、いくつものヘルマプロダイトの彫刻が作られました（図9）。からだの半分が男で、半分が女で、眠っている姿勢のヘルマプロダイト像は、なんとも不思議な魅力を持っています。しかし、こういう人が本当にむっ

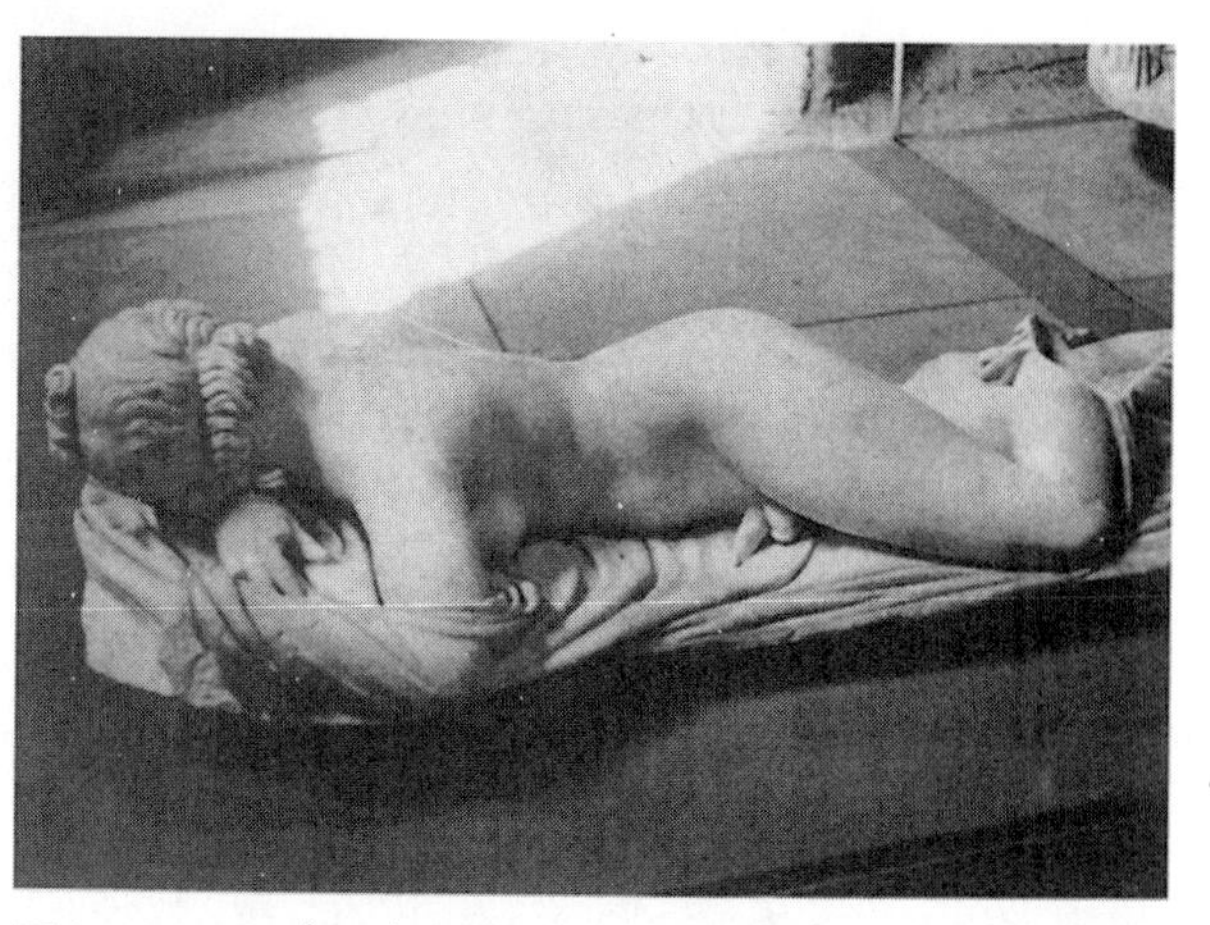

図9　ヘルマプロダイト像（ローマ国立博物館／長谷川寿一撮影）

くり起き上がって歩いてきたら、人間の美の理想の姿だと思う人は意外と少ないのではないでしょうか？

それはさておき、現実の動物の世界のヘルマプロダイトたちは、ミミズ、ヒル、ゴカイ、カタツムリ、カイメン、ホヤ、フジツボ、アメフラシなどで、理想の美とはあまり関係がなさそうです。

雌雄同体は、人がふつう考えるほど奇妙な変わり種ではありません。また、昔考えられていたように、原始的なわけでもありませんが、また、決して広く見られるものでもありません。とくに、からだの作りが複雑なものになるほど、雄と雌は専門化され、雌雄異体となります。

ではなぜ、こんな雌雄同体生物などというものがいるのでしょう？　雌雄同体生物の生活様式を見てみると、それは、相手をみつける手間と関係がありそうです。

人間は自分で思いのままに歩いて移動できる動物ですから、固着生活というものがどれほど不便なものか、あまり見当がつきません。しかし、植物は動けませんし、カイメンもホヤもフジツボも、一度どこかにくっつくと、そこで一生を送ります。また、カタツムリやヒル、ミミズも、きわめてのろのろとしか動きませんから、一生のあいだに移動できる総面積はたかがしれています。

このように、固着生活を送るなど、移動能力がきわめて乏しい動物にとって、自分と同種の配偶の相手をしっかり見つけるのは、それほど簡単なことではないのです。たとえば、フジツボは、岸壁や船の底などに何十匹もがくっついて暮らしていますが、くっついた場所からは離れられないので、ペニスをうんと伸ばして、ペニスがとどく範囲の相手とだけ交尾します（図10）。

そのようなときに、もしも雄と雌が分かれていたら、雄は雌を、雌は雄を見つけねばなりません。つまり、潜在的な配偶者の数は、自分の回りに住んでいる同種の個体数の半分になってしまいます。たまたま、自分が取りついた地点の周囲に同性ばかり

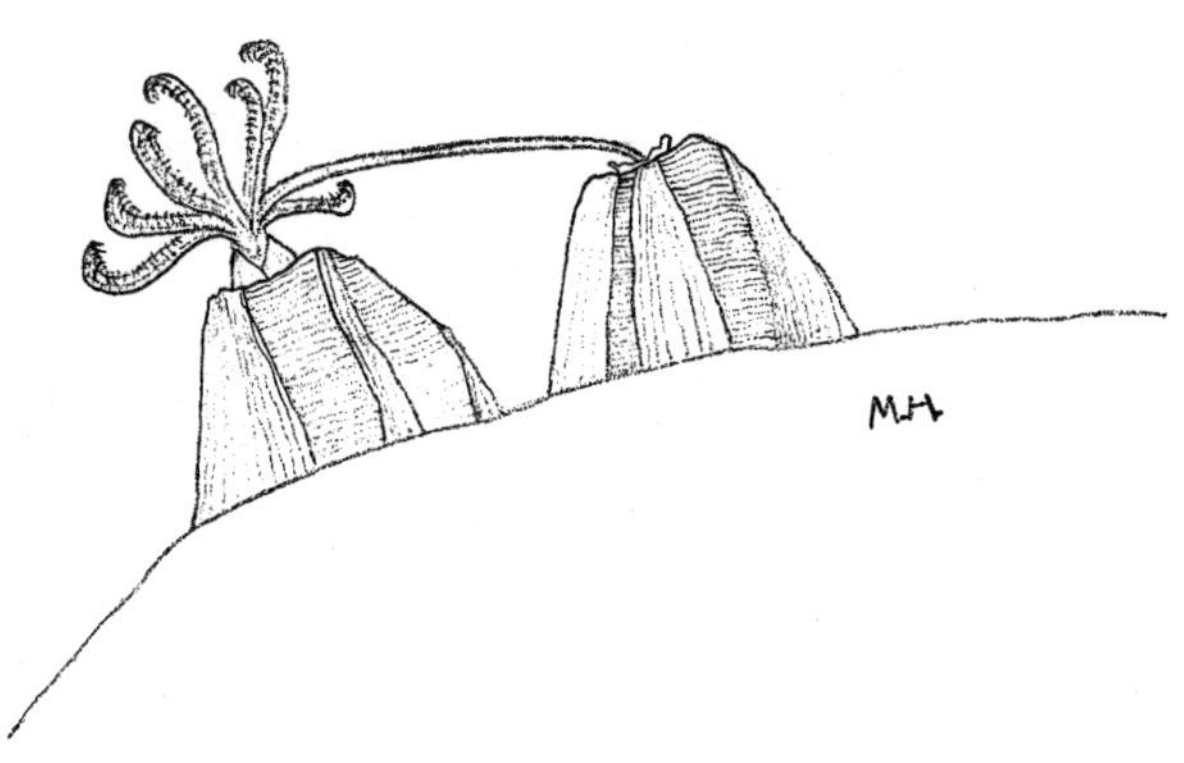


図10　フジツボの交尾

しかいなかったら、もう絶望です。しかし、雌雄同体であれば、みなが雄でも雌でもあるのですから、隣りにいる個体が同種でありさえすれば、誰でも配偶者になり得ます。

からだの作りが比較的単純で、雌性生殖器官と雄性生殖器官の両方を備える「設備投資」がそれほどたいしたことではなく、なおかつ、移動性が低くて相手を見つけるのに困難があるような場合には、雌雄同体になるのが、よい解決法なのでしょう。

### 雌雄同体生物どうしの対立

このように、雌雄同体という繁殖様式が進化するには、移動性が低くて相手を見つけることが困難だ、という制約条件がきいているようです。そうだとすると、雌雄同体なのに、よく動くことが出来る、という奇妙な生活をする動物がいたら、どういうことが起こるでしょう?

たとえば、ヒラムシという海生動物です。ヒラムシは、ウミウシの仲間で、多くのウミウシと同様、雌雄同体です。ウミウシを実際にごらんになった方はどれくらいいらっしゃるでしょうか? 磯などでふわふわ動いている、青や黄色、ピンクなどの美しい色をした軟体動物です。ウミウシ類は動けないわけではありませんが、その動きは確かに鈍い。ところが、ヒラムシは、平たいからだの膜を扇のようにあおぎ回すことにより、かなり早く動けるのです。

このヒラムシが、配偶のために相手を見つけると、静かに、素直に、互いの精子と卵を交換することにはなりません。なんと、互いに自分の精子を相手におしつけ、相手の精子は受け取らないようにしようと、「ペニス戦争」を始めるのです。おもしろいことに、このような生物には決まった生殖口がないので、相手のからだのどこにペニスを差し込んでも、そこから相手に精子を渡すことができます。そこで、相手のからだに自分のペニスを刺して精子を渡すが、自分は相手から刺されないための攻防戦が始まるのです。

なぜ、こんなことになるのでしょう? それは、精子を渡すことと精子を渡されることの間に、エネルギー的な損得があるからです。精子は、定義上、小さくて栄養を持っていないので、同じエネルギーがあれば、卵よりもずっと多くを作ることができます。つまり、安上がりです。そして、数が多いため、卵を持っている一匹の相手に精子を渡しても、まだまだ精子には余りがあります。そこで、次々と何匹もの相手に精子を渡していけば、かなり多くの繁殖成功度をあげることができます。

逆に、相手から精子をもらってしまえば、それで自分の卵が受精するので、その卵を育てることになります。それにはかなりのエネルギーがかかります。雌雄同体ですから、自分自身の中に、精子も卵子も持っていて、自分の繁殖成功度は、精子による成功分と卵子による成功分の総和となります。

よく動き回れず、相手とあまり巡り合えない状況では、互いに精子と卵を交換し、どちらも同等に寄与することで双方が落ち着くのでしょう。しかし、動き回って闘うことができるのであれば、安上がりの精子を使ってたくさんの相手に精子をわたすだけの方が、たとえ卵子の部分は捨ててしまっても、総合的に「得」になる事態が生じます。これが、ヒラムシの「ペニス戦争」なのでしょう。だったら、雌雄同体を辞めてしまえばいいのに、と思います。奇妙な話ですね。ヒラムシがウミウシの仲間でありながら、このような移動様式を持つようになったのは、進化的には最近のことなのでしょう。

究極の「ヒモ」、チョウチンアンコウの雄

さて、もう一つ奇妙な話を。これは、ヒラムシとは違って雌雄同体ではなく、雄と雌があるにはあるのですが、ふつうの意味で独立した一個体であるのは雌だけで、雄は雌のからだの一部になってしまったような生き物です。

深海には、ふつうは人の目には触れませんが、実におもしろい生き物がいろいろいるのです。その中に、アンコウという魚の仲間がいます。チョウチンアンコウ、クロアンコウなどの仲間は、そうやって一匹の魚と見えるものはみな雌です。それでは雄はどこにいるのでしょう？　雄は、雌に比べればきわめて小さくて目だたないのですが、小さいだけでなく、雄は、独立した一個体として生活することを放棄し、雌のからだに寄生して、その一部となってしまいました。

雌のおなかの下の方に、一つか二つの突起のようなものが見えますが（図11）、それが雄です。卵からかえった小さな雄は、真っ暗な深海を遊泳し、運よく同種の雌に出会うと彼女のおなかにくっつきます。そうしてしばらくするうちに、雄の口は雌の皮膚と融合し、雄は目も脳も消化器も退化していきます。雄のからだは、すっかり雌

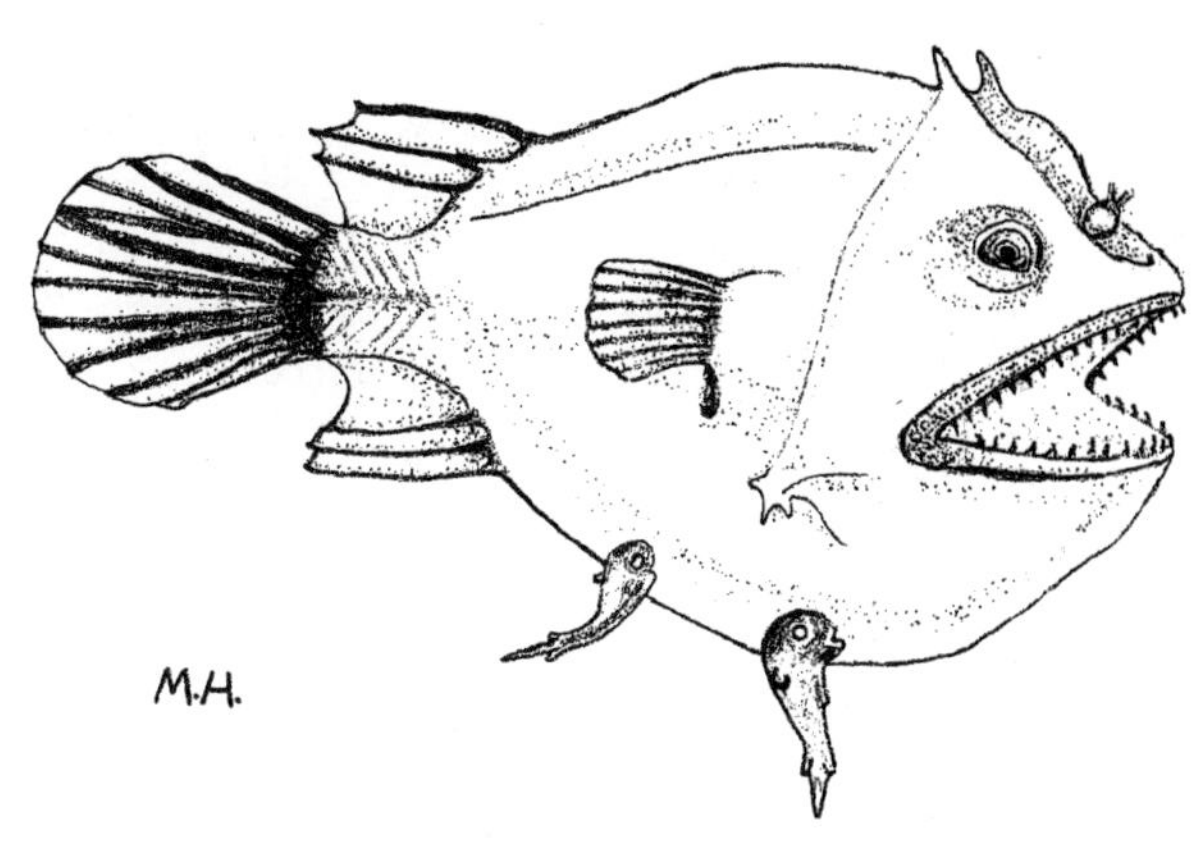


図11　チョウチンアンコウの仲間

の皮膚の一部となり、栄養は全部、雌からの血流にのって運ばれ、完全に雌に養われる身となるのです。

　しかし、精巣だけは退化しません。それが彼の本来の役割なのですから。こうして、雌のからだの一部となった雄は、定期的に精子を製造しては、それを雌の体内に送り込みます。アンコウにおいても、精子は雌の体内にさえ送り込まれれば、血流にのってやがて卵巣に到達して授精することができます。つまり、雌に到達する以前の独立した雄は、雌を見つけだして精巣をくっつけるためだけの、「移動精巣器」だったわけです。

　人間の社会で、女性に働かせて、その稼ぎを当てにして暮らしている男性は、

「ヒモ」と呼ばれることがあります。アンコウの雄は、究極の「ヒモ」暮らしなのかもしれません。でも、人間の「ヒモ」という存在は、女性を支配下に置いて働かせ、稼ぎをピンハネしているのですが、アンコウの場合は、やっとのことで雌を見つけて、あとは個体としての人生を放棄しているように見えますね。

このような奇妙な生活様式があるのも、おそらく、深海という不便な環境で、相手を見つけるコストを少なくするための方策なのでしょう。一度雄を取り込んでしまった雌は、もう二度と配偶者探しに困ることはないからです。それなら初めから雌雄同体になればいいのに、と思います。雄たちの「究極のヒモ」生活は、雌雄同体になれないための苦心の策のようですね。このような生活は、ボネリアという原生動物にも見られます。

ヒラムシの場合は、もともと雌雄同体であったところに、進化的に見て「最近」、移動能力を身に付けたために起こっている現象なのかもしれません。アンコウの場合は、もともと雌雄異体であったところに、進化的に見て「最近」、深海に降りていったことで、相手を見つける苦労が生じたのかもしれません。

性転換をする動物

人間が性転換すると、つねに大きな話題になりますが、性転換など日常的に行っている生き物もあります。

前節でお話ししたのは雌雄同体生物でした。同一の個体が同一の時期に、雄と雌の機能を両方果たすことができれば雌雄同体と呼ばれますが、これを、時期をずらして行うのが性転換です。

大きな魚のからだの周りをうろついて、その魚についている寄生虫などを食べてあげる掃除魚というのがいます。そういう掃除魚の一種であるホンソメワケベラは、小さいときは雌で、からだが十分大きくなると雄に性転換します。ホンソメワケベラは、数匹で群れを作って暮らしていますが、その中の最大個体が雄で、あとは全部雌なのです。雄は、そこにいる全部の雌と交尾します。その雄が死んでしまったりすると、雌の中で最大サイズの個体が、急遽、雄に変身します。完全に雄になるまでには、約二週間かかります。

ホンソメワケベラは、一番大きい個体が雄で、小さいときはみな雌でしたが、もう一つの例であるクマノミ（図12）は、逆に、一番大きいのが雌、小さいうちはみな雄です。

クマノミは、珊瑚礁に住んでいるたいへん美しい魚で、性転換する以外にも、イソギンチャクと共生関係にあるので有名です。一つのイソギンチャクには数匹のクマノミが住んでいますが、一番大きい一匹が雌で、あとは全部雄です。しかし、これらの雄のうちで雌と交尾するのは、雄中の最大個体一匹だけなのです。それより小さい個体は、全員雄なのですが、繁殖を抑制されています。それでは、このような小さい雄たちはどこか別のイソギンチャクに引っ越していけばよいようなものですが、たいていのイソギンチャクにはすでに居住者がいて、「住宅不足」の状況があります。

クマノミでも、雌として働いている一番大きい魚が死ぬと、いままで雄役をやっていた個体が雌に変わります。そして、繁殖を抑制されていた小さい雄たちの中で、一番大きい個体が繁殖雄の地位につくのです。

以上のような生き物は、雌から雄か、雄から雌か、一生に一度しか性転換しませんが、中には、一生の間に、都合によって何度も性転換する動物もいます。海岸の砂の中に住んでいる多毛類のイソメの一種がその例です。

このイソメの性はからだの大きさで決まります。小さいときは雄、体節が二〇以上になると雌です。餌が不足してくるとすぐにからだが縮み、また雄に戻ります。それが成長して大きくなると、また雌、そのからだがちぎれて体節の数が一〇ほどになってしまうとまた雄、とくるくる変わります。

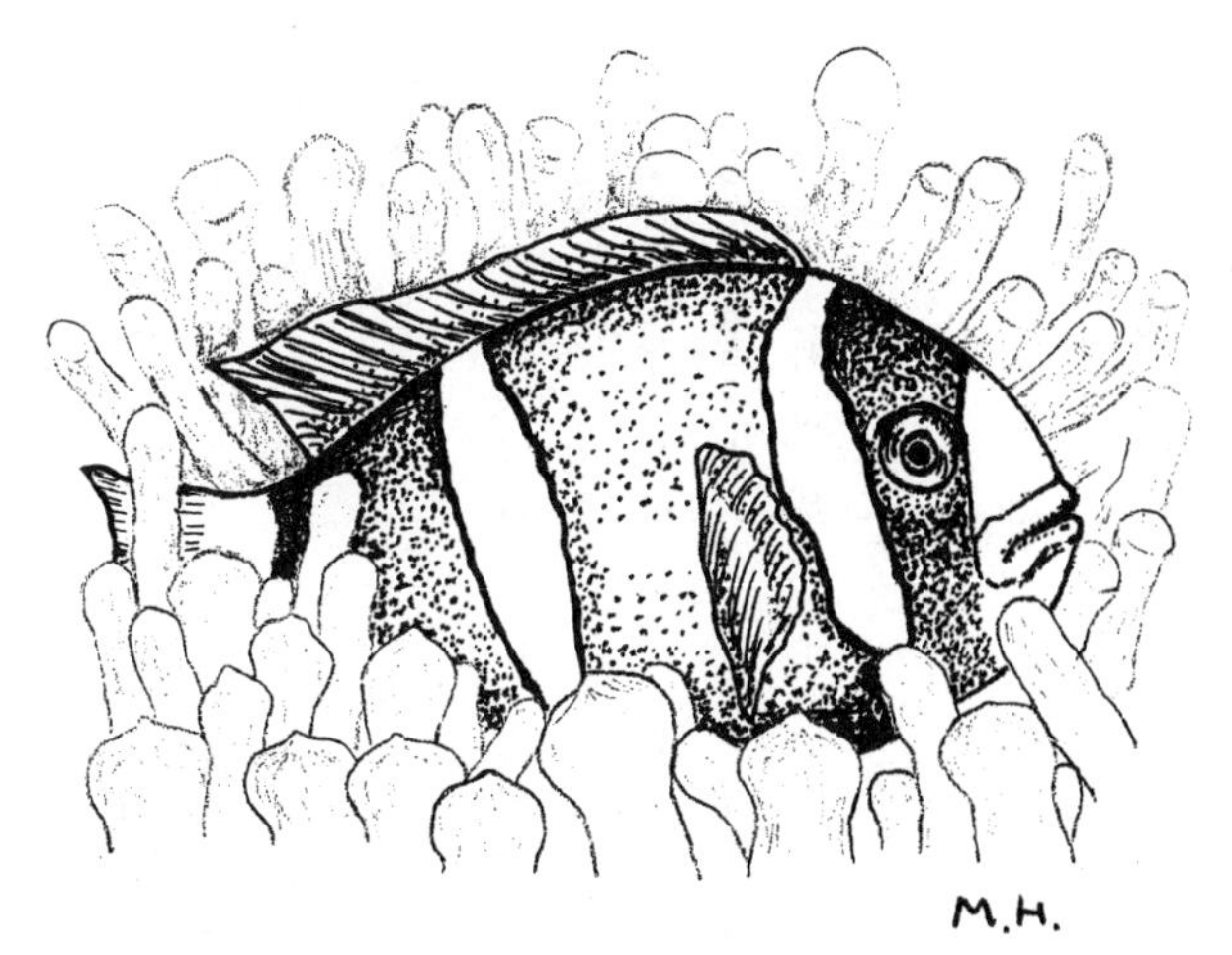


図12　イソギンチャクの中に住むクマノミ

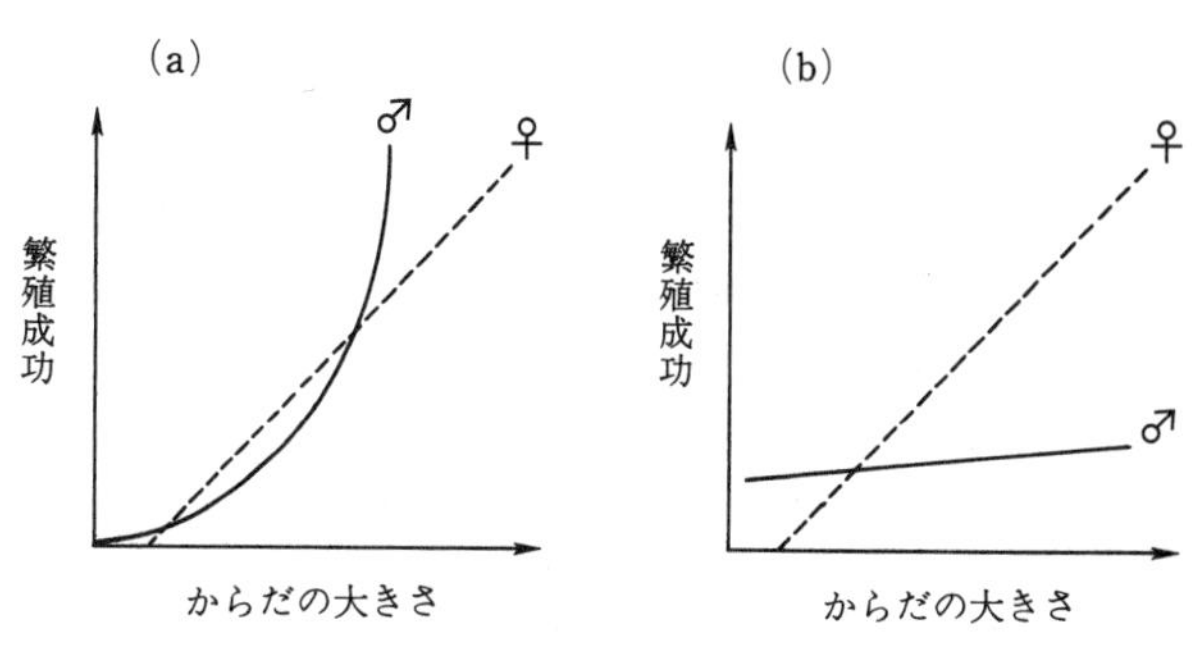


図13　性転換の体長・有利性モデル

また、二匹の雌を一緒にしておくと、たくさん卵を持っている方が雌にとどまり、少ししか卵を持っていない方は、雄に変わります。雄になるも雌になるも、そのときの自分の卵のサイズしだい。イソメには、雄としてのアイデンティティも雌としてのアイデンティティも、まったく関係ないことでしょう。

## 性転換はなぜ起こる

ホンソメワケベラは小さいときに雌で、大きくなると雄、クマノミはその逆で、小さいときに雄で、大きくなると雌になります。性転換という現象それ自体も奇妙ですが、なぜ先に雌になるものと、先に雄になるものとがあるのでしょうか?

からだの大きさが大きくなると繁殖の効率がどう変化するか、その変化の仕方に雄と雌で差があれば、成長につれて性転換が生じるかもしれません。この関係から、先に雄になるべきか雌になるべきかを決める理由を説明する説を「体長・有利性仮説」と呼びます。

第1章でお話ししたように、卵は大きな配偶子ですから、卵を作るにはエネルギーがいります。そこで一般に、からだの大きさが大きくなるほど、たくさんの卵を生産できるようになるでしょう。したがって、雌の繁殖成功度はからだのサイズとともに増加すると考えられます。

一方、雄の繁殖成功度とからだのサイズとの関係はどうでしょう？　これは、雌ほど単純には決まりません。たとえば、雄が数匹の雌を独占するような配偶システムであれば、雄どうしがけんかをするでしょうから、からだの大きい雄が有利で、からだの小さい雄は繁殖成功が見込めません。しかし、雄がランダムに交尾するような配偶システムでは、からだが大きくなったからといって、繁殖成功度はとくに増えないでしょう。

そこで、雄と雌の繁殖成功度とからだのサイズの関係を一緒に描いてみたのが図13です。(a)の場合には、からだが大きくなったときの雄の繁殖成功度が飛躍的に増加するので、からだの大きい個体が雄になるでしょう。(b)の場合には、からだが大きいことは雌にとっての方が有利なので、大きい個体が雌になるでしょう。

ホンソメワケベラは、雄が雌のグループを独占する一夫多妻ですから、(a)の場合にあたります。クマノミはランダム交配を行うわけではありませんが、事実上一夫一妻なので、雄の繁殖成功度は雌が産む卵の数によって決まり、大きい方が雌である方が有利なのでしょう。

# 第3章 性決定の機構

本書は、性というものがどのように進化してきたのか、その進化の中で、雄と雌がどのように異なる戦略を生み出してきたのか、それらの戦略が有効であった理由は何なのか、などについて論じています。

一方、具体的に一つの個体が雄になるのか雌になるのかはどのように決まるのか、それはどのように作られていくのかという、メカニズムの問題があります。つまり、生物の示すさまざまな現象に対する疑問には、「なぜそのようになっているのか」というＷＨＹの疑問と、「どのようにしてそれができるのか」というＨＯＷの疑問との二つがあるのです。前者を、究極要因に関する疑問、後者を至近要因に関する疑問と呼びます。そして、この二つは、それぞれが生物学の異なる分野で扱われてきました。

私自身は究極要因の研究を行う、行動生態学、進化生物学の分野の研究者なので、至近要因の話は知ってはいるものの、それが専門ではありません。しかし、今日の社会では、ヒトの性に関する問題について、さまざまな事柄が論じられるようになりました。そこで、私の専門の究極要因の話だけで済ませるのでは十分でないと思うようになりました。というわけで、至近要因についても、少しだけ取り上げておきたいと思います。

雄になるか、雌になるかはどうやって決まる?

第1章で述べたように、次の世代の個体を作る繁殖の方法が、個体が配偶子を出しあってその合体によって作る、という有性生殖になったとき、大きさの異なる配偶子が生じました。それは、小さくて栄養を持たない精子と、大きくて栄養を蓄えている卵子です。これは、この二種類だけしか残らないような分断淘汰が働いた結果です。だから、配偶子の大きさがばらばらで、いろいろな大きさの配偶子が共存しているような生物はありません。その意味で、有性生殖には雄と雌の二つしかないのです。

そして、小さな精子を専門に生産する個体を雄、大きな卵子を専門に生産する個体を雌と呼ぶことになりました。しかし、一つの個体が全体として「雄」になるのか、「雌」になるのかには、どちらの配偶子を作るのかだけでは決まらない、さまざまな段階があります。それは、想像するよりもずっと複雑な過程なので、それを少し見ていきましょう。

染色体による性決定

みなさんもご存知の通り、ヒトの性決定の始まりは性染色体にあります。ヒトには全部で四六本の染色体がありますが、二二組ある体染色体のほかに、性染色体というものがあって、それがXXであれば女性に、XYであれば男性になります。父方からも母方からもX染色体を受け継いだ個体は女性になりますが、母方からのX染色体に加えて、父方からY染色体を受け継いだ個体は男性になります。女性は、どの卵にも一つのX染色体を持たせているのですが、男性は、X染色体を持った精子とY染色体を持った精子を半々に作るので、そのどちらを授精するかで、男の子になるのか、女の子になるのかが決まる、ということです。

このシナリオは、すべての哺乳類で同じです。哺乳類とは、体温を常に一定に保っている恒温動物で、母親が体内に子どもを宿し、出産後に授乳して育てる、という分類群です。ネズミからゾウまで、大きさも生態も異なるものが全部で五〇〇〇種近く存在しますが、そのすべてにおいて、XXは雌、XYは雄という性決定です。

では、鳥ではどうでしょうか？　鳥も、性の決定は性染色体で決まっています。ところが、鳥では、ZZという同じ性染色体を持った個体は雄になり、ZWという異なる性染色体を持った個体が雌になります。またあとでもう少し詳しく述べますが、ここで大事なのは、どのような染色体構成であるかによって性が決まる機構がある、ということです。

では、このような性染色体の構成によって性が決まる生物は、ほかにもあるのでしょうか？　それはあります。しかし、話は決して単純ではありません。哺乳類と鳥類は、ある意味で単純です。なぜなら、哺乳類の全種がXとYで決まり、鳥類の全種がZとWで決まるからです。ところが、他の生物を見渡すと、爬虫類、両生類、魚類、無脊椎動物、植物など多くの生物において、あるグループは性染色体による性決定が行われているけれども、他のグループではそうではないなど、一貫していないのです。

たとえば、魚類の仲間には、第2章で述べたように、性転換する種類がたくさんあるのですが、その一方で、ウナギ目やサケ目など、いくつものグループで、性染色体による性決定が行われています。ところが、サケ目ではXYが雄であるのに対し、ウナギ目では、XYが雌なのです。このような変異は両生類や爬虫類でも見られ、あるグループが、XYという異なる性染色体を持つ個体は雄になるのに対し、他のグループではそれが雌になる、ということがしばしば起きています。両生類のカエルの仲間のアマガエル科ではXYが雄ですが、コモリガエル科では逆に雌です。爬虫類のイグアナ科はXYが雄なのに対し、カナヘビ科は雌である、という具合です。

性染色体というものがあり、その構成によって性が決まるというのは、「合理的」であるかのように私は思いますが、本当に合理的であるならば、もっとすっきりと決まっていてもよいはずでしょう。それがそうではないところが、よくわからないし、興味深いところでもあります。

さらに、性染色体による性決定機構は、哺乳類と鳥類などに見られるような、二つの性染色体で決まる方式だけではありません。三つ以上の遺伝子がかかわって性が決められる生物もあります。ブユやカなどを含む双翅目の昆虫や、熱帯魚のプラティフィッシュ、個体数の大変動で有名な齧歯類のレミングなどが、三つ、またはそれ以上の染色体がかかわる構成の違いによって性が決まっているようです。

環境による性決定

ワニは、卵が孵化するときの温度によって、雄になるか雌になるかが決まる、という話は、どこかでお聞きになったことがあるでしょう。それは本当で、生物の中には、性染色体などというものは持っておらず、生まれてからの環境によって性が決まるものもあります。とてもいい加減ではないかと心配になりますが、環境による性決定は、ワニだけに限ったものではありません。爬虫類のトカゲ、カメ、ワニなどでは、卵が孵化するときの温度によって雄になるか、雌になるかが決まるものがたくさんあります。

図14　カミツキガメ

アメリカアリゲーターというワニの仲間では、卵が孵化するときの温度が三二℃から三三℃のときには、全員が雄になりますが、それよりも温度が低いときも高いときも、ほぼ全部が雌になります。アメリカに生息するカミツキガメ（図14）は、二〇℃以下だと全部雌、二一℃から二二℃だと雌雄両方、二三℃から二四℃だと雄、二五℃から二八℃だと雌雄両方、そして、二九℃以上だと全部雄になります。すぐに予測されることですが、このような温度依存の性決定機構を持つ種では、あるときは個体群の全員が雌になったり雄になったりという極端な変動がつねに見られることになります。それでもこれまでの長い進化史でやってこられたのですから、それほど不安定なことでもないのでしょう。

## 哺乳類の性決定機構

私たち人間が哺乳類であるせいなのか、哺乳類の性決定機構に関しては、他の動物群よりもずっと多くのことが知られています。先ほど、哺乳類には、XとYという二つの性染色体があり、XXならば雌、XYならば雄になると言いました。では、もしもXを一つだけしか持たない個体ができたら、それはどちらの性になるのでしょう？　答えは雌です。では、XXYと過剰に性染色体を持った個体ができたら、それはどちらの性になるのでしょう？　答えは雄です。

つまり、哺乳類では、Xの数によらず、Yがあれば雄になる、ということのようです。そこでさらに詳しく性決定の様子を調べたところ、おもしろいことがわかりました。哺乳類の受精卵は、そもそも誰でも最初は雌になるように作られているのです。そこにY染色体があると、なんらかの要因によって、それを雄へと作り替えていく作業が始まるのです。Y染色体上にあるその要因とは、Sryと呼ばれる遺伝子であることがわかりました。このSry遺伝子が、さらに、Sox9という遺伝子を活性化することにより、卵巣になるものが精巣に作り替えられていくのでした。ですから、たとえ

Y染色体を持っていても、なんらかの要因でSry遺伝子がうまく働かなかった場合には、性染色体構成としてはXYであるにもかかわらず、雌のからだになってしまいます。

Sry遺伝子は、Sox9遺伝子を活性化し、それがテストステロンという雄性ホルモンの生産を開始させます。このテストステロンの存在が、卵巣を精巣に変え、からだを雄にさせ、最終的には脳も雄化させます。つまり、出発点はY染色体上にあるSry遺伝子なのですが、そのあとの雄化の過程はみな、性ホルモンであるテストステロンの作用によると言ってよいでしょう。

このSry遺伝子の作用により、まずは、卵巣になるべき内部生殖器を精巣に変える、という作業が起こります。次に、そこから生産されるテストステロンの影響により、外部生殖器がペニスと睾丸になります。そして、テストステロンは脳にも影響を与えます。自分がどちらの性だと思うかの「性自認」、どちらの性の相手に魅力を感じるかという「性的指向」の決定に、テストステロンは重要な役割を果たし、自分が「男性」であり、性的な魅力を感じるのは「女性」だという風になるのが、一般的な男性です。

しかし、この過程は複雑で微妙な要素がたくさんあるので、母親の胎内でどれほどのテストステロンを浴びるのかなど、胎内環境の微妙な違いによって、必ずしも典型的な男性だけができるとは限りません。女性の方は、何もなければそもそも女性になるようにできているので、少しは簡単なのですが、やはり胎内環境による変異は生じます。母親の胎内でかなり高濃度のテストステロンが生成され、それをある特定の時期に浴びると、本来はXXの女性である個体が雄化することが起こります。

さらにヒトでは、自意識や自己認知があり、それらに対する文化による影響も無視できません。そこで、自分を男性と思うか、女性と思うか、男性に対して性的魅力を感じるのか、女性に対して性的魅力を感じるのかには、生物学的にも多様性があるとともに、生物学的な要素だけでも説明しきれない事態が生じます。ＬＧＢＴＱは決して、「異常な」ことではないのです。それが大多数になることはありませんが、必ずや生じてくる少数派なのです。それを「異常」として切り捨てるのか、「多様性」として包含するのかは、私たちの文明が決めることでしょう。

## 鳥類の性決定機構

鳥は、哺乳類とは異なり、ZZという同じ性染色体を持つ個体は雄になり、ZWという異なる性染色体を持つ個体が雌になります。鳥類についての研究は、哺乳類に比べてかなり遅れており、Sryのような性決定にかかわる遺伝子が何なのかについて、まだよくわかっていません。

しかし、鳥類では、哺乳類とは反対に、どの個体もそもそもは誰でも、雄になるようにできているのです。それが、ZWという性染色体構成であるときには、内部生殖器から外部生殖器その他一つひとつを、雌に作り替えていく作業が始まります。その過程でも、性ホルモンの働きが重要なのですが、鳥類の場合に決定的な働きをするのは、雌性ホルモンであるエストロゲンです。雄は、ともかく最初から雄になるように作られているのですが、雌の場合、エストロゲンが作用して雄にならないように抑えていると言えます。

私は、クジャクにおける配偶者選択の研究に携わっていたことがあります。クジャクは、よく知られているように、雄は長くて派手な目玉模様のある羽を持っていますが、雌はそんなものは持っていなくてとても地味です。ところが、クジャクの雌が年を取ってくると、突然、雄のような派手な羽を生やし始めることがあるというのです。私自身の研究対象の中にはそんな個体はいませんでしたが、この事実はよく知られています。

また、日本には、「メンドリがオンドリのように時をつくるとき、世の中は不安定になる」という言い伝えがあったそうです。世の中が不安定なのかどうかはさておき、メンドリがオンドリのようにふるまうことがある、ということですね。これも、年を取った雌のニワトリで、エストロゲンの作用が弱くなった結果、雄のようにふるまう雌が出てくるということでしょう。

哺乳類と鳥類はいずれも、恐竜たちが絶滅したあとに繁栄するようになった恒温動物です。そして、双方が、二つの性染色体の構成によって性が決まる機構を持っています。ところが、哺乳類はXXという同じ性染色体を持つ個体が雌であるのに対し、鳥類は、ZZという同じ性染色体を持つ個体が雄です。これから見ていくように、哺乳類では、雌の獲得をめぐる雄どうしの競争は激しく、雄のからだが大きく、雄間の闘争に勝った雄が、雌の意向にかかわらず雌を独占するという現象がよく見られます。

一方の鳥類では、雄どうしの競争は相変わらず激しいのですが、その闘争の帰結は、雌の選好に握られていることが多く、雄は、雌に気に入られなければ、まったく繁殖に成功しない、という現象がよく見られます。

これは単なる偶然なのか、他の、別の要因による結果なのか、まだよくわかりません。が、同型の性染色体構成である性は、性的な対立では弱い立場にあり、異型の性染色体構成である性が強い立場になる、という傾向があるようにも思います。

## 性決定機構の進化

では、これらのさまざまな性決定機構はどのように進化してきたのでしょうか？　環境による性決定は、とても不安定であるように感じますが、多くの生物でその仕組みが維持されています。性染色体によるのではなく、何か、環境要因によって性決定したほうが有利になる条件があるのでしょう。

これまでの研究から、①受精卵がどのような場所で孵化することになるかがランダムに決まり、②その場所の環境要因にかなりの変動が見込まれ、③その要因が、孵化後の個体の成長に影響を及ぼし、④雄の子と雌の子とで、その影響のあり方が異なるとき、環境要因による性決定が有利になるようです。

ウミガメを例にとって見てみましょう。あるカメの母親が産卵する場所には、温度が高いところも低いところもあり、どのくらいの温度になるのかは予測しがたい状況です。温度が高いと孵化が速く進み、その子のからだは大きくなります。逆に温度が低いと孵化がゆっくりと進み、その子のからだは小さくなります。

そうして大きくなったとき、からだの大きさはどのような影響を与えるでしょうか？　カメでは、からだの大きな雌はたくさんの卵を持つことができるので、雌では、からだの大きさとともに繁殖成功度が増えていきます。しかし、雄の場合、からだが大きいからといって、繁殖成功度が高くなることはありません。そこで、こんな場合には、もしもからだが大きいのであれば、雌であった方が有利でしょう。からだが小さければ、雌であるよりも雄である方が有利でしょう。こんな風にどこでどうなるのかがわからない場合には、性染色体で決めてしまうのではなく、状況に応じて性を決めた方が有利になるはずです。

哺乳類と鳥類という分類群は、恒温動物となったため、卵の孵化に対する環境変動の影響がほとんどなくなりました。このような動物において、性染色体による性決定が全種で決まっていることは、ある意味、納得のいくことです。

しかし、いろいろな生物で、より詳しく性決定のメカニズムを見ていくと、それらが実に複雑で一定のものではないことがわかってきました。たとえば、メダカの性決定に決定的な役割を果たしている遺伝子とその働きは、メダカと近縁な種ではまた異なっているのです。本当に一筋縄ではいきません。

性というのは、これまで述べてきたように、子どもに多様性を持たせるために始まったことなのですが、それをどのようにして実現するかの機構は、一つの「最善」なシステムがあって、それが受け継がれているのではないようです。それぞれの種が置かれた状況に応じて、そのときどきで使える遺伝子を使い、また別の遺伝子を使い回し、臨機応変に進化してきた、というのが実情のようです。

性がとても重要なものであるのは確かですが、そんなに重要なのなら、どれか一つの最善があるだろうと思うのは、私たちの偏見なのでしょう。だから、ヒトの性に関しても、何かの形が「最善」であることはない、という柔軟な考えでのぞむべきなのだと思います。

# 第4章　クジャクの羽とシカの角

人間は、ついなんでも自分中心に考えてしまいますから、性というと、「雄」と「雌」が別々の個体として存在し、一生の間、雄は雄、雌は雌として暮らし、雄と雌が一緒になって繁殖を行う生活様式を連想します。しかし第1章、第2章では、性の始まりと繁殖とは関係がなかったことや、生物の世界には、雌雄同体、性転換など、有性生殖といってもさまざまな形態があることを見てきました。

それでもやはり、この世に存在する多くの生き物が、人間と同じく雌雄異体であり、繁殖のために雄と雌が協力しなければいけないことも確かです。カタツムリやクマノミのやっていることなど、結局は私たちとはかけ離れたことであるのも事実です。

それではいよいよ、私たちにもっとも身近な、雌雄異体の性に関する話題を取り上げることにしましょう。雄と雌とが別々のものとして分かれた結果、多くのまったく新しい問題が持ち上がることになりました。そしてそれらは、究極的には、私たち人間の性に関するもろもろの問題とも密接な関連を持っているのです。

## 美しい雄、地味な雌

前章で、雌というのは大きな配偶子、つまり卵を作る個体、雄というのは小さな配偶子、つまり精子を作る個体であると述べました。生物学的に見れば、雄と雌の本質的な違いは、生産する配偶子の大きさの違いにあります。ところが、人間を初めとする多くの動物では、雄と雌とにかなり外見上の違いがあります。まず、からだの大きさが違います。私たちに身近な哺乳類を見れば、たいていは、雄の方が平均値が大きいようです。たとえば、ゴリラの雄は体重が一六〇キロもありますが、雌は九〇キロしかありません。

雄と雌でからだの色が違うものもたくさんあります。たとえば、オオルリ、コルリは日本の山林に住む美しい青い鳥ですが、青いのは雄だけ、雌は地味なうす茶色をしています。モズも雄は背中が灰青色をしていますが、雌は茶色です。また、シオカラトンボという胴体の青いトンボは雄であり、雌は胴体がうす茶色でムギワラトンボと呼ばれているのは、みなさんご存じのことでしょう。

からだの大きさや色だけでなく、形が非常に違うものもたくさんあります。たとえば、ニホンジカ、アカシカ、ダマジカ、ムースなどのシカの仲間や、アフリカの草原に住むアンテロープ類は、さまざまな形の立派な角を持っており、それが彼らの姿にたいへん優雅なおもむきを与えています（図15）。しかしそれは雄だけで、雌には角がありません。シカの仲間で、雄も雌も同じように角を持っているのはトナカイだけ

図15　グレイター・クドゥの雄（タンザニア／長谷川寿一撮影）

でしょう。

クジャクが尾羽をいっぱいに広げた姿は実に印象的です。とくに、あのメタリックブルーの目玉模様は見事としかいいようがありません。しかし、これも雄だけで、雌はあんなものは持っていないのです。クジャクに限らず、キジ、ヤマドリ、ゴクラクチョウなどの美しい飾り羽や長い尾は、みんな雄の特徴で、雌はたいてい地味で慎ましい格好をしています。

こうしてみると、私たちが通常、動物の名前を聞いて思い浮かべるのは、その動物の「雄」であるといえそうです。事実、多くの動物の雌は地味で、これといった特徴もなく、雌だけを見て種類を区別するのは、なかなかたいへんなものです。一度、動物の雌の絵だけを集めた図鑑を作ってみるとおもしろいかもしれません。あまり美しくない、目だたない本になることは確かですが。

このように雄と雌に外見上の差があることを、性的二型といいます。しかし、雄と雌の差は外見上の性的二型にとどまりません。行動でも、代謝の速度でも、死亡率でも、ストレスに対する強度でも、およそあらゆる点で、雄と雌にはある程度の違いがあります。雄と雌でまったく違いのない特徴を見つける方が難しいかもしれません。

卵を作るか、精子を作るかというのは些細な違いであるはずなのに、雄と雌の全体が、なぜこうも違うものになってしまうのでしょう？　ところで、先に挙げた例でもおわかりのように、性的二型があるときには、雄の方が雌よりも「大きい」、「美しい」、「派手である」場合が多いようで、その逆の例はあまりありません。ではなぜ、動物の雄は、雌よりも大きくて、美しくて、派手なのでしょう？

## ダーウィンの悩み

このことに頭を悩ませたのは、進化の理論を構築した、イギリスのチャールズ・ダーウィンでした。不思議なことに、ダーウィン以前の人々は、なぜ雄と雌がこうも違いてとくに悩まなかったようです。目の前にふつうにあるものは、たいていは「当り前」として受け入れられてしまうものですから、「当り前」のことに疑問を持ったり、とくに説明を求めたりする人は、あまりいません。「なぜ雄と雌しかいないのだろう?」とか、「なぜ雄と雌はだいたい同じ数だけいるのだろう?」とかいうことを、わざわざ疑問に思う人は少数です。

ところでダーウィンは、雄と雌がこうもいろいろと違う理由について、はっきりした説明をつけねばならないと考えていました。ダーウィンにとっては、同種に属する雄と雌が非常に異なるのは奇妙なことに思えましたし、実際それは、彼の考えた自然淘汰の理論に対する、一つの挑戦だったのです。

ダーウィンは一八五九年に『種の起源』という本を出版し、その中で、この世に存在するさまざまな生物が、どのような過程を経て出現するにいたったと考えられるかを論じました。その骨子は以下のようなものです。

自然界の生物は、たいてい、実際に生き残るよりも多くの子を産みます。つまり、生まれた子の多くは成熟前に死んでしまいます。それはおそらく、有限な資源をめぐって皆が競争するからで、チャンスに恵まれなかったか、競争に敗れたものは、生き残れないのでしょう。では、どのような個体が生き残るのでしょうか?

生まれた子どもどうしの間には、いろいろな点で個体差があります。たとえば、有名なメンデルが遺伝の実験で使ったエンドウマメに関していえば、エンドウマメの中には、豆の色が黄色のものと緑色のもの、豆の表面がつるつるのものとしわしわのもの、丈の高いものと低いものなどなどがあります。そのような個体差の中には、生き残る上でなんの関係もないような、たいしたことはない差もあるでしょうが、生き残るために非常に有利であったり、また逆に非常に不利であったりするような差もあるでしょう。

さきほどの豆の例では、たとえば、表面がつるつるしていると、生き残る上で何か有利なことがあるのかどうかは、私は不勉強で知りませんが。何が有利で何が不利かは、そのときの環境や競争関係の様相によって変わりますが、結局は、ある状況下で有利であったものが生き残り、子を残していくでしょう。このように、いろいろと差のある個体の集団に対して、生き残るための競争の圧力が働き、あるものは死に、あるものは生き残っていきます。

さて、そのような差が遺伝的にもたらされたものである場合には、生き残ることのできた、有利な遺伝的変異を持った個体の子どもは、その有利な変異を親から受け継ぐでしょう。そうすると、そのような子どもが集団中に増え、そのような有利な遺伝的変異が集団中に広まっていくことになります。このようにして、生き物は、さも理にかなった、生存に都合のよい、実によくできた機械のように効率的にできたものになるわけです。このような過程を自然淘汰による適応と呼びます。

この淘汰の理論のもとで、雄と雌の違いを考えてみましょう。何がダーウィンをそんなに悩ませたのでしょうか?

同種に属する雄と雌は、なんといっても同じ種なのですから、似たような物を食べ、似たような場所に住み、似たような淘汰を、歴史的に同じ時間だけ受けてきているはずです。そしてその長い間には、両者ともに、生存に有利な性質を身につけるようになっているはずです。そうだとすると、雄と雌はそれほど違うはずがないではありませんか?

さらに、たとえばクジャクの雄の尾羽を見てみましょう。あれはいったい、生存のためにどう役にたつというのでしょう? ふだんはたたんで、ロングドレスを着た御婦人のようにぞろぞろと引きずって歩いていますが、あれはどう見ても、生きていく上で重要な必需品とは見えません。第一、もしも生きていく上で不可欠の品ならば、なぜ雌は持っていないのでしょう? 角でも、羽でも、美しい赤でも青でも、雌はそれを持っていないのに立派に生きているということ自体が、これらの特徴の生存上の有用性を否定しているのです。

実際、クジャクの雄の美しいけれども馬鹿馬鹿しい尾羽は、ダーウィンの自然淘汰の理論を鼻でせせら笑うように見えたのでした。この問題を解決する前は、ダーウィンはいつも、「クジャクの羽を見るたびに気分が悪くなる」と、こぼしていたようです。クジャクに限らず多くの動物で、雌は地味で目だたないのに、雄は大きくて美しくて派手です。つまり雌たちは、ダーウィンの理論の予測どおり、生存に有利なように、経済的に効率よく作られているのですが、雄たちはまるで、自然淘汰をあざ笑うかのように、派手で無用な贅沢品を競いあっているように見えるのです。これはいったいなぜなのでしょう?

## 配偶者の獲得をめぐる競争

この疑問を解決し、なぜ雄と雌がこうも違うのかをきちんと説明するために、ダーウィンは、自然淘汰とは別のもう一つの理論を構築し、もう一つ別の本を書かねばなりませんでした。それが、一八七一年の『人間の由来』の中で展開された、性淘汰の理論です。

生き物はまず、個体が環境からのさまざまな圧力に耐えて生き延びていかねばなりません。死んでしまえば元も子もないのです。しかし、ただ生きているだけでは、進化の歴史の上では意味がありません。生き残る次に大事なのは、繁殖することです。生物とは自己複製するものであり、複製が複製を作り続けることによって存在している、歴史的存在なのですから。

そこで、雄と雌に分かれた雌雄異体の、有性生殖する生物の場合、繁殖のためには相手を見つけることが必要です。雄と雌の違いの理由を説明するためにダーウィンが着目したのは、雌雄異体生物の宿命である、この「繁殖の相手を見つけねばならない」という事態でした。ただ生き延びていくためだけにもさまざまな競争がありますが、繁殖の相手を見つけるためにも、きっとさまざまな競争があるでしょう。そしてこの競争は、もしかすると、雄と雌とで非常に様子の違うものであるかもしれません。そこが、雄と雌の違いの鍵であるとダーウィンは考えたのでした。

自然界を見渡すと、繁殖期に個体どうしが闘ったり、求愛の儀式を繰り広げたりしているのが見られます。ところが、誰が闘い、誰が誰に求愛をしているのかを見てみると、雄と雌が同じようにやっているのではないことがわかります。

「奥山に紅葉踏みわけ鳴く鹿の声聞く時ぞ秋は悲しき」とは古今和歌集に収められた有名な歌ですが、秋はニホンジカの交尾期、鳴いているのはニホンジカの雄です。もっとも、あの「ブォーン」とでもいうような雄鹿の声を聞いて、私は悲しいとはとても思いませんが……。春先のシジュウカラの「ツピーツピーツピー」という鳴き声も、雄が自分のなわばりを宣言し、雌を呼ぶためのものです。カエルが鳴くのも、オケラが鳴くのも求愛のためで、しかも鳴くのはたいてい雄です。

ただ鳴いて相手を呼び寄せるだけではありません。互いに激しくぶつかりあって闘争しているのも雄です。シカの雄は、角を突き合わせて闘争し、勝った方は何頭もの雌のハーレムを所有します。ゾウアザラシの雄は、体重が雌の七倍もありますが、彼らは、海のなかで牙をむき出し、血みどろになって闘います。こちらは、勝てば数頭どころか何十頭ものハーレムが手に入ります（図16）。クワガタムシの雄は、雌が集まる木の幹になわばりを作って、樹液を吸いにくる雌を待ちます。たくさん樹液の出るよい場所はあまりなく、雄たちは、よいなわばりをめぐって闘争し、互いに大きなはさみで相手をはさんで木から投げ落とします。

このように見ていくと、繁殖の相手を見つけるといっても、相手を見つけて獲得するためにさまざまな努力を払っているのは、たいていの場合、雄であることがわかります。

そこでダーウィンが考えたのが、雄は、配偶相手を獲得するために、雄どうしで闘

図16　ゾウアザラシの雄どうしの闘い

わねばならないが、雌は闘う必要がない、それが雄と雌との大きな違いだということでした。配偶者の獲得をめぐって雄どうしが競争せねばならないのならば、雄のあいだには、そのような競争に有利な性質が進化するでしょう。しかし、雌にはそのような競争がないならば、雄と同じ性質が進化してくることはありません。つまり、配偶者の獲得をめぐる競争は、雄と雌のあいだで非常に様相が異なり、その結果として、雄と雌は非常に異なる性質を身につけるようになった、ということです。これが、ダーウィンの性淘汰の考えでした。

## 雄の性的魅力

シカの角、クワガタムシの大きなはさみ、アザラシの大きなからだや鋭い牙などは、実際どういうときに、どのように使われているのでしょう？　草食動物であるシカが、他の動物を殺すために角を使うことはありません。クワガタムシが木の葉をはさみで切りきざむわけでもありません。こういうものは雄だけが持っているのですから、雄しかやらないことと関係しているに違いありません。それは、配偶者の獲得をめぐる雄どうしの競争でした。これを「雄間競争」と呼ぶことにしましょう。

つまり、角や大きなからだ、はさみ、牙、鳴くための器官などは雄間競争に使われており、その闘争に有利だから、雄の間に進化したと考えられます。雌には雄の獲得をめぐる競争というものはあまりないので、雌どうしが闘争する必要もなく、したがって、武器のようなものはいらないのでしょう。

しかし、雄だけが持っているものの中には、闘争や武器とは全然関係のなさそうなものもあります。クジャクの尾羽がよい例です。あんな、ロングドレスのようなものが、いったい武器として役に立つでしょうか？　だいたいあの尾羽を使ってクジャクの雄どうしがけんかをしているところを見た人があるでしょうか？

ものの機能を知るには、それの使われ方を調べるのが一番です。そこでクジャクの雄が、あの長い尾羽を何に使っているか見てみましょう（ここでちょっと注釈を入れておきますが、クジャクの尾羽は、実は本当の尾羽ではありません。あれは、尾羽の少し手前にある羽である上尾筒が長く延びたものです。しかし、便宜上ここでは尾羽と呼ぶことにします）。彼らは、交尾期になると、雌の前であの尾羽を広げ、踊りを踊って雌に求愛します。雌は、その尾羽や踊りを見て、誰を配偶者にするか決めているようです。

このプロセスは、同じ「配偶相手の獲得」とはいっても、先の、雄どうしの闘いとはかなりおもむきを異にするものです。ここで行われているのは、直接的な雄間競争ではなく、雄から雌への求愛と雌による配偶者選びです。美しい尾羽は、求愛の儀式で雌を「説得」するために使われる小道具とも言えるものです。

この場合、より美しい尾羽を持つ雄ほど、より長い尾羽を持つ雄ほど、雌から魅力的と思われ、配偶者獲得の勝者になるのだとダーウィンは考えました。このプロセスを「雌による選り好み」と呼ぶことにします。つまり、クジャクの尾羽は雌による選り好みの場面で有利であったから、雄のあいだに進化したと考えられるわけです。いろいろな鳥の雄の美しい羽の色や、頭のてっぺんにつけた飾り羽などの、闘争の役には立ちそうもないものは、雌から魅力的と思われるために、雌の選り好みによって進化したとダーウィンは考えたのでした。

つまり、雄と雌が違う理由、雄だけしか持っていないものがある理由は、配偶者の獲得をめぐる競争の度合にあるのであって、それには、雄間競争と雌による選り好みの二つのプロセスがあるというのが、ダーウィンの性淘汰の理論です。

## 淘汰の概念

ここまでにも話が出てきましたが、これからの話は淘汰の概念が中心になっているので、ここで、淘汰について大事な点をもう一度まとめておくことにしましょう。

淘汰の理論は、ダーウィンによって初めて提出されましたが、ダーウィンの時代には、遺伝についてはまったく知られていませんでした。その後、遺伝学と生態学が飛躍的に発展し、淘汰の理論は大きく改良されました。それを手短にいうと次のようになります。

生物のからだは細胞からできていますが、どのような形の生き物になり、どのような暮らし方をするのかの基本は、すべて、細胞の中の核というところに入っている遺伝子の中に書かれています。遺伝子はいわば、生き物の設計図です。その遺伝子の正体が、デオキシリボ核酸（ＤＮＡ）という二重らせん構造の高分子であることは、一九五三年にワトソンとクリックの二人によって発見されました。

同じ種に属する個体はみな、だいたい同じ設計図を持っています。ですから、全体として、スズメはスズメに、ツバメはツバメに見えるのです。しかし、細かいところでは個体はそれぞれ違っています。それは、有性生殖の起源のところで述べたように、二個体の遺伝子が交換されることにより、毎回違った組合せのものが生じるためでもあり、突然変異によってまったく新しいものが生じるためでもあります。このようなことを、個体変異と呼びます。

さて、生き物はいろいろな状況で生き残り、繁殖していかねばなりませんが、生きていくために必要な資源は無限にあるわけではありません。したがって多くの場合、生き物の間には、有限な資源をめぐる競争が存在することになります。ある個体はたくさんの食料を得られ、ある個体はよい住み場所を獲得できますが、ある個体は十分な食料が得られなかったり、つまらない住み場所で満足せねばならなかったりするでしょう。

ここで、架空のある動物の、ある一つの形質について考えてみることにします。たとえば、視力の良さをとり上げてみましょう。視力の良さは遺伝子によって決まっていると仮定します。つまり、視力の良さが生物の設計図の中に決められていると仮定します。そうだとすると、ある一種の生物の視力の良さは、種全体としてはだいたい一定の範囲内にあるものの、その中には、非常に視力の良い個体から悪い個体まで、個体ごとにある程度の変異があるでしょう。

いま、その動物が飛んでいる虫などを、視力に頼ってつかまえて食べているとします。すると、視力の良い個体は、悪い個体よりも虫をつかまえる能力において優れていますから、視力の良い個体は、どんどん虫を食べて栄養状態がよくなり、たくさんの子どもを生産するようになるでしょう。ところで、視力の良さは遺伝的に決められているのですから、そのような視力の良い個体の子どもも、他の個体に比べて視力が良くなる性質を受け継いでいきます。

そうして世代を重ねていくにつれて、その架空の動物の集団の中には、視力の良い個体の子どもの割合が増えていきます。これを遺伝子の観点からみると、「良い視力をもたらす遺伝子」というものが、良い視力を持った個体の繁殖成功度が他の個体よりも高いことを通じて、集団中に広まっていったことになります。このような過程を経て集団中の遺伝子構成が変化していくことを、自然淘汰による進化と呼びます。

ここで大事なことは、①個体間には、遺伝的違いに基づく個体差があること、②生物の利用する資源は有限であり、資源をめぐる競争が存在すること、③個体差の中には、生存のためのこのような競争に有利なものや不利なものがあること、④有利なものは、繁殖成功度の差を通じて集団中に広まっていくこと、の四つです。

では、視力が良いことが生存上有利であるとすると、自然淘汰を通じて、その動物の視力はどこまでも改良されていくのでしょうか？　そんなことはありません。どこかでその改良は止まります。初めに、その動物全体の視力がそれほど優れていなかったころには、少しの改良が大きな影響を及ぼし、繁殖成功度に絶大な効果を持ったことでしょう。しかし、ある程度視力が改良されてしまったあとには、それ以上の改良が繁殖成功度に及ぼす影響は、だんだんに鈍っていくはずです。そして、ついには、改良に要するエネルギーが、その改良の結果生じる有利性に見合わなくなるでしょうから、そこで改良は止まるはずです。

また、自然淘汰による進化は、つねに一定の方向性を持ったものではなく、何か「完成」というものに向かっての改良でもありません。たとえば、この、視力に頼って虫をつかまえている架空の動物ですが、ここまでに、彼らの視力はずいぶん改良されてきました。

しかし、その中の一集団が、たまたま洞窟暮らしをするようになったとします。すると、洞窟の中は真っ暗ですから、もはや、視力を頼りに獲物をつかまえるという生活はできなくなり、良い視力は何の有利性ももたらさなくなります。そうなると、この集団では、良い視力を作るために使われていたエネルギーは、何かほかのことにまわした方が有利になります。そうすると、突然変異で、良い視力のかわりに良い嗅覚を持った個体が出現すると、今度は、そちらの方が、従来の良い視力を持った個体よりも有利になるでしょう。進化というものは、ことほどさように、環境しだいの場当たり的なものなのです。

さて、このシナリオの中の生存をめぐる競争を、配偶相手の獲得をめぐる競争に代えれば、それは性淘汰のシナリオになります。すなわち、①生物には遺伝的違いに基づく個体差があります。②配偶のチャンスは有限ですから、配偶者の獲得をめぐる競争が存在します。③個体差の中には、そのような配偶者の獲得をめぐる競争に有利なものや不利なものがあるでしょう。④そこで、有利なものは、繁殖成功度の差を通じて集団中に広まっていくことになります。

以上のように、淘汰の話は、集団中の遺伝子頻度の変化の話です。遺伝的に決まっているのでない形質は、進化のふるいにはかけられません。また、進化は、一つひとつの個体に起こることではありません。遺伝的変異は、一つひとつの個体に起こるのですが、そうして生じた突然変異の運命がどうなるかというのが進化なので、それは、個体の繁殖成功度の差を通じて、集団全体に起こる歴史的な経過です。

このことをもう少しよく理解するために、なぜ雄と雌の数はだいたい同じなのかという疑問を、淘汰の理論で明らかにしてみましょう。この話は、淘汰を理解するためのよい例になると同時に、性を考えるときの重要なポイントをも提供します。

## 雄と雌の数をめぐるパズル

大学の教室にいる学生、生け花教室に集まる人々、鋳物工場で働いている人、自衛隊、などといった特定の集団を見ると、男女の数の比が一対一であることはあまりありません。しかし、国全体、地球全体で見れば、男女の比はほぼ半々です。

人間と同様に多くの動物でも、いくつかの例外を除いて、雄と雌の比は一対一からそれほど遠くへだたってはいません。それはなぜなのでしょう？　これは、ただの偶然の結果なのでしょうか？　それともなにか筋の通った理由があるのでしょうか？

二〇世紀前半に活躍した集団遺伝学者であるロナルド・フィッシャーは、この疑問に淘汰の理論からの解答を与えました。結論からいうと、雄か雌か特定の性の個体だけを産んで、性比を一対一からずれる方向に持っていくような遺伝子は、きわめて特別な状況でない限り、集団中に広まることはできない、ということです。

ここに、有性生殖をする架空の生物の集団があって、交配は、個体間でランダムに行われるとします。いま、たとえばの話、互いに近縁関係にない五匹の生き物がいて、そこには雄が一匹しかいなくて、あと四匹が雌だったとします。雄と雌の比が一対四の、非常に偏った性比です。そして、ほとんどの個体が雌を多く産むように、遺伝的に決まっているとします。

有性生殖をするのですから、このたった一匹の雄が四匹の雌全部と交尾して、それぞれの雌に一匹ずつ、全部で四匹の子が生まれたとします。さて、この雌たちはそれぞれが一匹の子を持ちましたが、雄は、この四匹全部の父親です。つまり、それぞれの雌の繁殖成功度が一ずつであるのに対し、この雄の繁殖成功度はその四倍にもなるわけです。

これらの雄と雌にも親がいたはずですから、この雄とそれぞれの雌を産んだ母親を考えてみましょう。そもそも、雌を産みやすいように遺伝的に決まっているのですから、雌を産んだ母親の数の方が多いわけです。そして、雌を産んだ母親は、孫の数が一匹ずつでしかありませんが、ここでたまたま雄を産んだ母親の孫の数は四匹となります（図17）。

そこで、もし、「雄だけを産む」という突然変異の遺伝子が生じたとすると、どう

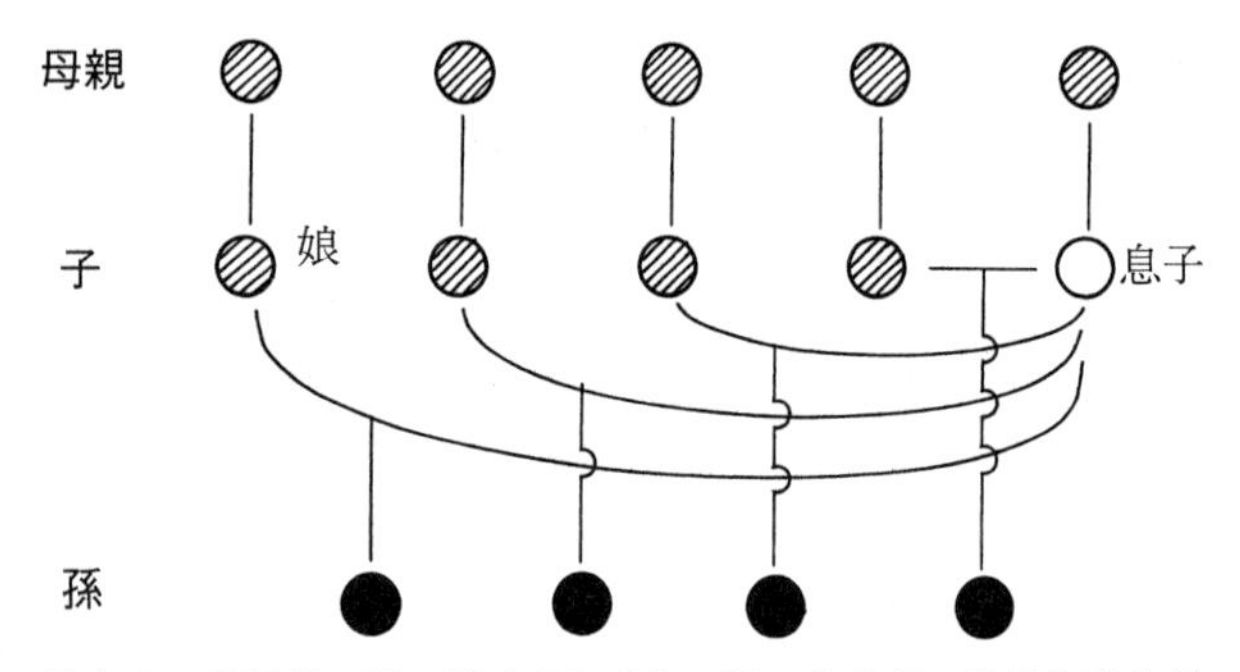


娘を産んだ母親の孫の数はそれぞれ１匹であるが、息子を産んだ母親の孫の数は４匹となる。したがって、息子を産んだ母親の方が有利となる。

図17　雌４、雄１に偏った性比における孫の数

なるでしょう？　その母親はいつも雄を産みます。しかし、ほとんどの母親は雌を産みます。すると、その息子はたくさんの数の雌と交尾するので、雄を産むような母親の孫の数はどんどん増えていくことになります。

しかし、そうするとどうでしょう？「雄だけを産む」という遺伝子を持った子どもの数がどんどん増えるのですから、当然、雄を産む個体が集団中に広まります。そうなると当然ながら、集団中の雄の数が増えていくでしょう。これがしばらく続くと、やがて雄と雌の数の比は一対一になり、雄を産んでも、とくに孫の数が増えることはなくなります。それでも雄だけを産む個体がいれば、さらに雄

が増え続けますから、今度は逆に雌の数の方が少なくなってしまいます。

そうなると今度は、雄を産むよりも雌を産んだ方が孫の数が増えるようになります。そこで、「雄だけを産む」という遺伝子はだんだんにその頻度が減っていくでしょう。そこで、集団中の雌の数が極端に少ないときには、もしも、「雌だけを産む」という突然変異が生じれば、それは急速に広がっていきます。この架空の話の出発点であった、雄が極端に少ないときと、雌雄が逆転しただけで同じことが起こるわけです。

つまり、性比がどちらかに偏っていると、少ない方の性を産んだ方が、繁殖成功度が高くなり、その性を産む遺伝子は集団中に広まりますが、まさにその自らの働きによって、その性の個体の数が増し、繁殖成功度の偏りがキャンセルされてしまうのです。こうして、「どちらか片方の性だけを産む」という遺伝子は、集団中に安定して存在し続けることができません。

遺伝的な理由ではなくて性比が偏ることはあり得ます。しかし、特別な場合を除いて、子の性をどちらかに偏らせる遺伝子は淘汰上安定して存在することはできず、多くの場合、性の決定は偶然にまかされ、ほぼ一対一の性比が保たれているのです。

本章では、性的二型の存在と、それを説明するダーウィンの性淘汰と自然淘汰の概念について説明しました。生存をめぐる競争の様子は、雄と雌とで、だいたいは似たなるため、雄の間に広まっている性質と、雌の間に広まっている性質とは、こうも違うものになってしまいました。ですから、雄と雌の違いについてもっとよく理解するためには、配偶者の獲得をめぐる競争というものが、どのように闘われているのかについて、詳しく調べてみなければなりません。

# 第5章

# 雄と雌と子ども――永遠の三角関係

## なぜ雌どうしは闘わないか

前章では、雄と雌の違いを説明するためにダーウィンが考え出した、性淘汰の理論を紹介しました。有性生殖をする雌雄異体の生物は、雄と雌が別々のからだになり、しかも繁殖のためには互いが必要なのですから、どうしても相手をみつけねばなりません。雄も雌も互いに相手が必要なのは同じなのですが、相手を獲得するためにやらねばならないことに、雄と雌ではどうも違いがあるようです。

ダーウィンは、彼の著書である『人間の由来』の中で、膨大な数の例をあげて、配偶者を獲得するためには雄どうしが闘うのであって、その逆ではないことを示しました。しかし、これはなぜなのでしょう？　なぜ配偶者をめぐって闘うのは多くの場合雄であって、雌ではないのでしょう？　ダーウィン自身は、このことの説明を何もしませんでした。雄は闘うものだ、ということで納得してしまったようです。でも、この疑問に対しても、やはり、明快な解答が欲しいではありませんか？

ダーウィンが『人間の由来』を出版してから七〇年ほどたって、ベイトマンという人が、ちょっとおもしろい実験をしました。そのときには、その実験はそれほど注目されませんでしたが、実はその中には、上記の疑問を解く鍵が含まれていたのです。

ベイトマンは、少しずつ遺伝的に異なるショウジョウバエの雌五匹と雄五匹を飼育ビンに入れたものをたくさん用意し、どのハエが何匹の子どもを残したかを測りました。

すると、いくつか興味深いことがわかりました。まず、雄の間には、繁殖成功度に大きなばらつきが生じ、全体の二一パーセントの雄は、まったく子どもを残せませんでした。しかし、雌の間には繁殖成功度のばらつきはあまりなく、まったく子どもを残せなかった雌は、全体の四パーセントしかありませんでした。もっとも多く子どもを残した雄の繁殖成功度は、もっとも多く子どもを残した雌の三倍にも達しました。また、繁殖成功度の高かった雄は、次々に別の雌と交尾回数を増やすことによって繁殖成功度を上げていきましたが、雌は、交尾回数を増やしても、産む卵の数は増えませんでした。

つまり、雄は、相手を取り替えて交尾相手の数を増やすことにより、自分の繁殖成功度を上げることができますが、雌の繁殖成功度は、自分自身が卵を作る速度に規定されているのであって、交尾相手の数は少しも重要ではなかったのです。

ベイトマンの実験は、繁殖成功度を上げる手だてが、雄と雌では根本的に異なることを示していました。しかし、彼の実験はそれほど注目されることはなく、この話が再びとり上げられたのは、それからおよそ二〇年後のことだったのです。

一九七二年、すなわちダーウィンの『人間の由来』出版の一〇〇年後に、それを記念する学術論文集が出版されました。その中で、トリヴァースという人が、なぜ雄が闘い雌が選ぶのかという一〇〇年来の疑問に、最初の明快な答えを提出したのです。

トリヴァースが注目したのは、精子と卵の生産コストの違いでした。もともとの定義からいって、精子は小さい配偶子で、卵は大きい配偶子です。前にも述べましたが、この配偶子の大きさの違いは、栄養をつけているか、いないかにあります。配偶子が運ぶべきもっとも大切なものである遺伝情報（DNA）の量としては、両者はまったく同じだけ持っています。

卵は大きくて栄養をたくさんつけているのですから、精子に比べると、その分だけ作るのに時間とエネルギーがかかります。そうだとすると、同じ時間とエネルギーをかければ、精子はたくさん作れるのに、卵は、ずっと少ない量しか作れないでしょう。

その当然の帰結としては、精子は大量に生産されるのに、卵はそれよりもずっと少ない数しか作られないことになります。このように精子と卵とは、大きさの点だけでなく、存在する数にも大きな差があります。

ところが、受精して一匹の子どもを作るためには、精子も卵も一つずつしか必要がありません。いま、一匹の雄と一匹の雌が出会い、求愛も何もかもがうまくいって、受精が成立したとしましょう。この雄と雌は次に何をするべきでしょうか？

繁殖成功度を上げるには、子どもの数を増やさねばなりませんから、両者ともに、次の子どもの生産にとりかかるべきでしょう。このとき、卵の生産と精子の生産にかかる時間とエネルギーを比べると、先に述べたように、卵の生産のほうが時間がかかるはずです。したがって、雌が次の卵の生産を完了する前に、雄は、すぐにでも次の繁殖にとりかかることが可能です。

しかし、前章で見たように、個体の数からいえば雄と雌とはほぼ同数存在します。すると、どの雄もみな、次の新しい雌を見つけて繁殖しようとするならば、相対的に、受精可能な雌の数が少なくなるので、その結果、雄は雄どうしで闘わねばならなくなります。こうしてトリヴァースは、ダーウィンの観察した、雄は配偶者の獲得をめぐって互いに争うということを、卵と精子の生産コストの違いによって説明したのでした。

さらにトリヴァースは、親が子になんらかの世話をするときには、たいていはそれを雌親が行うことにも、きれいな説明をつけました。

繁殖が成功するためには、受精が終わるだけではだめです。その子どもがちゃんと生き残って成熟してくれなくては、その繁殖の試みが成功したとはいえません。いま、雄も雌も、受精の済んだ卵を目の前に放り出し、なんの世話も与えずに次の繁殖にとりかかったとします。そしてその結果、その受精卵は死んでしまったとしましょう。雄にとっても、雌にとっても、その繁殖の試みは失敗に終わりました。また初めからやり直さなければなりません。そのときに、時間とエネルギーの点から見て、より大きな損失をこうむるのは、雄と雌のどちらでしょう?

雄は、繁殖の試みをもう一度やり直すためには、単にまた一つの小さな精子を送り出すだけで十分です。しかし雌は、また多大な時間とエネルギーをかけて大きな卵を作り直さなければなりません。雌の損失の方が大きいのは明らかです。そうだとすると、失敗した場合に損失の大きい方の性、つまり雌は、そんな損失は被らないようにした方が有利でしょうから、受精した卵になんらかの世話が必要な場合、そのような世話は、雌が与えるようになるだろうと、トリヴァースは考えたのでした。

そうして、雌が受精卵の世話を少しでもするようになれば、雌が次の繁殖にとりかかるまでの時間は、さらに長くなります。その間、雄はますます暇になりますから、次の雌を探しに行く余裕ができるでしょう。こうしてますます雄は、まだ受精の済んでいない雌を求めて、雄どうしで争うことになります。

## 親の子に対する投資

トリヴァースの考えは、雄と雌の進化生物学的関係の考察にまったく新しい視点をもたらしました。それは、雄と雌の関係を、現在いる子どもの世話と、その次の子どもを作る機会との関係から考察したものですが、そのようなことは、これまで誰も考えたことがありませんでした。

前項でお話ししたトリヴァースの説の骨子はなんでしょう？　それは、現在いる子どもの生存率を上げようとして、親がなんらかの世話を子に与えると、その行為は、親が次の子どもを作る機会を犠牲にすることになっているのだという、現在いる子どもと将来の子どもとの間の、いわば、差し引き関係です。そこでトリヴァースは、親が、将来の子どもを作る機会を犠牲にして、現在いる子どもの生存率を上げようとする行動を、「親の子に対する投資」と名づけました。通常、親が子の世話をする行動はすべて、親の子に対する投資となります。

さて、雌が子の世話をして雄は子の世話をしないとなると、雌親の子に対する投資は、雄親の子に対する投資よりも大きくなります。雌は、いつでもいくらかは、次の子を作る機会を犠牲にしているのに、雄は、すぐに次の子を作ろうとしているわけです。すると、雄と雌の数が同じであれば、つねに、潜在的に次の繁殖が可能な雌の数は、潜在的に次の繁殖が可能な雄の数よりも少なくなります。

そうなると、数が多い方の雄は、雌に比べて余っているのですから、当然、雄どうしで争わねばならなくなります。つまり、「親の子に対する投資」が少ない方の性は、それが多い方の性をめぐって争うわけです。そして、子に対する投資の多い性は、繁殖成功度を上げようとすれば、その投資の効率をよくすればよいのですが、子に対する投資の少ない方の性は、繁殖成功度を上げるためには、できるだけ多くの相手を見つければよいことになります。

## 配偶努力と子育て努力

トリヴァースの考えをもう少し別の角度から見てみましょう。前にも述べたように、繁殖とは自分の複製を生産することですが、有性生殖をする生物では、まず相手を見

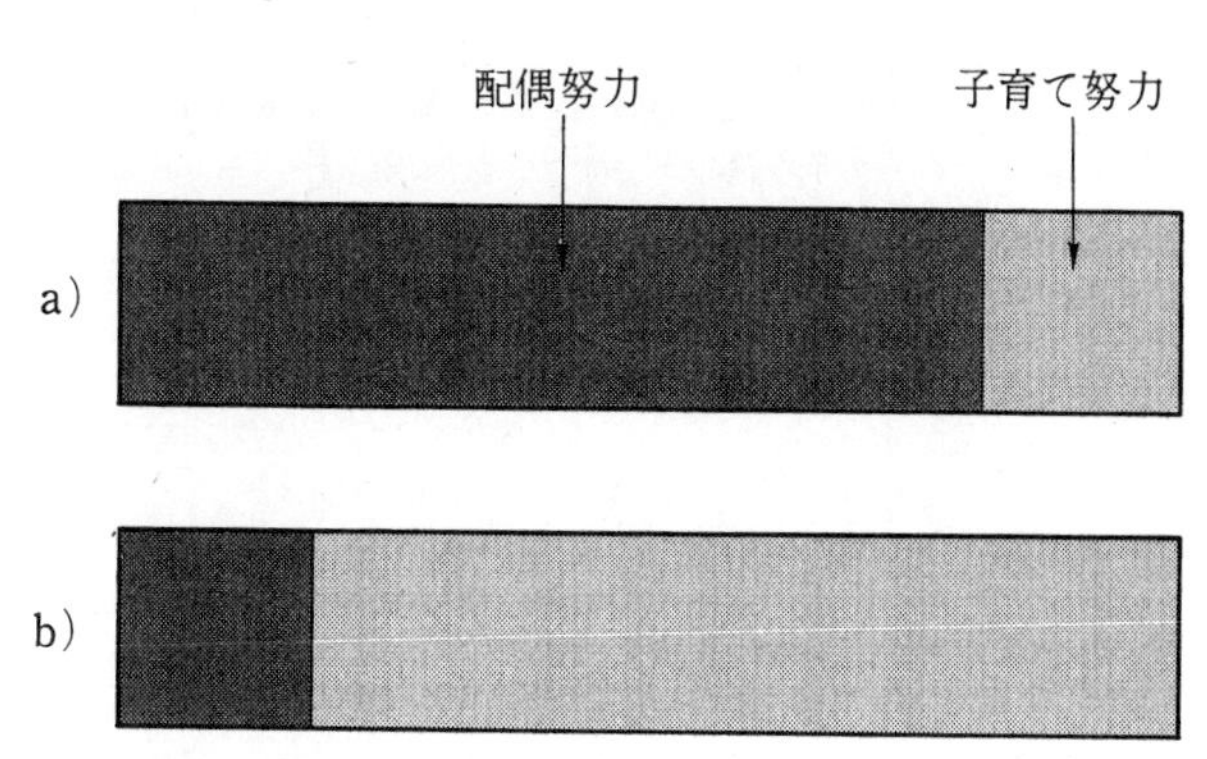


繁殖努力は、配偶努力と子育て努力に分けられる。
a）の個体は、配偶努力が相対的に大きいが
b）の個体は、子育て努力が相対的に大きい。

図18　繁殖努力の内訳

つけ、そして子どもが生き残るようにせねばなりません。つまり、繁殖の試みが成功するためには、①相手を見つけて配偶し、②できた子どもの生存を確保せねばならないのです。ところが、考えてみると、この二つの過程は全然違う種類の仕事ではありませんか？

そこで、一匹の生物が繁殖にかける時間とエネルギーとは、この①と②の二つの別々の仕事にかける時間とエネルギーの総和と考えられます。仕事①にかける時間とエネルギーを配偶努力、仕事②にかける時間とエネルギーを子育て努力と呼ぶことにしましょう。すなわち、一匹の生き物が費やす繁殖努力は、配偶努力と子育て努力の総和と

| | 雌どうしが雄をめぐって争う種 | 雄どうしが雌をめぐって争う種 |
| --- | --- | --- |
| 魚類 | ヨウジウオ<br>クロホシイシモチ | タツノオトシゴ<br>カジカの仲間<br>ヤウオの仲間<br>リーフフィッシュ<br>トゲウオ |
| 両生類 | | サンバガエル |
| 鳥類 | アカエリヒレアシシギ<br>アメリカレンカク<br>ナンベイタマシギ<br>チドリ | レア |

表１　雄が子育てする種における配偶者獲得競争

いうことになります（図18）。

もしも、ある生き物が子の世話をなにもせず、一回の配偶が終わるたびに次の配偶者を探しにいくとすると、こういう生き物の繁殖努力は、そのほとんどが配偶努力で、子育て努力はゼロに等しいことになります。また、もしもある生き物が、一回の配偶後にずっとその子の世話をし、なかなか次の配偶に取りかからないとすると、その生物の繁殖努力のほとんどは子育て努力で、配偶努力は非常に少ないことになります。

トリヴァースの投資の理論をこの観点から見てみると、子に対する投資の少ない性は、子育て努力が少なく、配偶の機会をつかもうとして闘争せねばならないので、配偶努力が大きくなります。一方、子に対する投資が大きい性は、子育て努力が大きく、配偶の機会は必ずといっていいほどあるので、配偶機会の獲得に多くを費やす必要はなく、配偶努力が少ない、ということになります。つまり、配偶努力と子育て努力は、差し引き関係にあるといっていいでしょう。

ダーウィンは、自然界を見渡すと、配偶者の獲得をめぐって雄どうし争うのが通常の様子であることを指摘しました。誰もその理由を解明しようとはしませんでしたが、その一〇〇年後にトリヴァースが、卵と精子の生産コストの違いから、子に対する投資の概念を導きだし、その説明を与えたのでした。

## トリヴァース理論は正しいか

トリヴァースの理論は画期的なものであり、その後の性淘汰の研究に大きな影響を与えました。彼の理論を一般化したかたちで述べると、「親の子に対する投資」の量に両性間でアンバランスが存在するとき、投資量の多い方の性の個体をめぐって、投資量の少ない方の性の個体どうしが争うことになる、というものです。したがって、理論的には、投資量の多い方が雄であっても雌であってもかまいません。

しかし、配偶子の大きさの違いという、子に対する初期投資の大きさの違いを比較すると、精子は断然小さくてコストがかかっていないのですから、雄の初期投資の方が少なくなります。そこで、配偶子生産に続くいろいろな世話行動も、雄よりは雌の方に発達することが多くなり、ますます、雌の投資量が大きくなるのでしょう。そうすると、通常の場合、投資量が少ない性は雄ということになり、自然界で通常見られる、雌をめぐって雄どうしが闘うというシナリオができあがることになります。

しかし、何もすべての動物で雌が子の世話を引き受けるわけではありません。実際、動物の中には、雄の方が子育てをする種もたくさんあります。たとえば、南米のヤドクガエルというカエルの中には、雄親が卵やオタマジャクシを背中にしょって世話をする種類があります。コオイムシという水生昆虫もそうです。そういう種では、精子生産の低コストにもかかわらず、雄が子の世話を引き受けるために、雄の投資が雌よりも大きくなります。

つまり、精子と卵の生産コストの違いは重要ではあるのですが、もしそれだけならば、すべての種で雌が子の世話をし、すべての種で激しい雄間競争が見られることになります。しかし実際には、そのようなことが一般的に見られるとはいえ、逆の場合も見られます。

雄が子の世話をする動物では、その行為によって、雄が将来の繁殖を犠牲にしているわけですから、雄の方が雌よりも投資が大きくなっているはずです。トリヴァースの理論によればそのような時には、雄間競争ではなく逆に雌間競争が見られるはずです。

ところが、それがそうとも限らないのです。表１は、雄が子の世話を一手に引き受けている種における、配偶者の獲得をめぐる競争の様子を示したものです。ヨウジウオやヒレアシシギでは、雄と雌の通常の関係がきれいに逆転しており、雄がいっさいの子育てを引き受け、配偶者の獲得をめぐっては、雌どうしが闘います。しかし、たとえばカジカの仲間の魚やカエルの仲間には、雄が子育ての一切を引き受け、雌は何もしないにもかかわらず、相変わらず雄どうしが雌をめぐって争うものがあります。つまりこれらの種では、投資量の大きい性は雄の方であるはずなのに、やはり雄間競争が激しいのです。これはいったいどうしたことでしょう？　トリヴァースの説では、説明できないのでしょうか？

このような、雄間競争、雌間競争の強さの種による違いをうまく説明するにはどうしたらよいのでしょう？

トリヴァースの理論に戻ってみると、彼が指摘した重要なことは、配偶努力と子育て努力との差し引き関係でした。つまり、雄間競争、雌間競争の相対的強さには、誰が子どもの世話をするか、子どもの世話にどれだけの手間ひまがかかるか、ということを考慮に入れなければならないわけです。

そこで、配偶者を求めてどちらの性の個体どうしが闘うのかは何によって決まるのか、という疑問に答える前に、誰が子どもの世話をするのか、雄親と雌親のどちらがどれだけ子の世話をするのかは何で決まるのか、ということを調べてみることにしましょう。

# 第6章　誰が子の世話をするのか

## 世話をしない親たち

子どもの世話をしなくてはならないとき、動物界では、雄親と雌親のどちらが世話をするのがふつうだと思われますか？　それとも両親そろって世話をするのがふつうだと思われますか？　答えは「一概にはいえない」です。それは、動物の分類群によってさまざまだからです。鳥の仲間の多くは、両親がそろって世話をします。哺乳類は、雌が母乳を出すので哺乳類というくらいですので、必ず母親が世話をします。父親も一緒に世話をする哺乳類はほんの少ししかありません。

魚や両生類では、どちらもまったく何の世話をしないもの、雄親だけが世話をするもの、雌親だけが世話をするものとまちまちです。両親がそろって世話をする種はほとんどありません。爬虫類のほとんどは、親による子の世話がありません。卵を抱いてまもるニシキヘビや、子の世話をするワニは例外です。

前章で、繁殖には配偶努力と子育て努力の二種類の仕事があり、それぞれの仕事にどれだけの時間とエネルギーを費やすかは、雄と雌で異なるのであって、その差が、配偶者をめぐる競争関係の強さと関係があることを見てきました。

本章では、いろいろな動物たちの親による世話の様子を見ながら、誰が子の世話をするかを決める要因は何であるのかを考えてみましょう。そして、配偶者をめぐる競争はなぜ雄間で強いのか、何がそれを決めるのかを考え、トリヴァースの理論を発展させてみます。

動物の中には、配偶子を生産し、それを受精させたあと、子の生存をすべて運にまかせ、自分では何の世話もしないものがたくさんあります。木の葉の裏に産みつけられたチョウやガの卵を見つけたことはありませんか？　多くの昆虫は、雌がどこかに産卵し、あとは運を天にまかせて行ってしまいます。それどころか、そのまま親が死に絶えてしまうものもたくさんあります。

サケが産卵のために川をさかのぼってくるのは有名な話です。このサケも、産卵が終わるとほとんどみな、力つきて死んでしまいますから、子の世話どころではありません。他の魚でも、卵を放出したらそのままで、親による世話はまったくないものがたくさんあります。

両生類や爬虫類も、親による世話がないものがたくさんいます。親がなんらかの形で世話をするのが必ずあるのは、鳥類と哺乳類ぐらいのものでしょう。鳥類は、なんらかの手段で卵を温めなくてはヒナが生まれませんし、哺乳類は母親が妊娠し、授乳をします。したがって、必ず親による世話があります。

親がまったく子の世話をしない動物は、子の生存を運にまかせるのですから、せっかく生まれても多くの子どもが死んでしまうのはしかたがありません。そこで、少しぐらいが死んでしまっても大丈夫なように、非常にたくさんの卵を産みます。たとえば海産魚類で、あとに述べるように雄が子の世話をするタツノオトシゴでは、一腹卵数は二〇〇個程度ですが、子の世話をまったくしないタラは二〇〇〇万個もの卵を産みます。

両親による世話

以上のような動物とは対照的に、両親がそろってかいがいしく子の世話をする動物もあります。そのよい例は、多くの一夫一妻の鳥たちでしょう。たとえばツバメです。両親が交代で卵を温め、ヒナに餌をやり、ヒナたちが一人立ちするまで、それはそれは涙ぐましい努力をしますが、そのありさまは、有名な白居易の「燕詩」にうたわれているとおりです。

鳥類の多くが両親そろって子の世話をする理由は、片親だけで子の生存を保障するのが難しいからです。鳥は巣を作ってそこに卵を産みますが、鳥の卵を食べようとする捕食者はたくさんいます。ですから、巣に産み込んである卵は、誰かが見張っていなければいけません。また、卵は温めなければなりません。そして、卵からかえったヒナには、ある程度の期間、親が餌を与え、保護してやらねばなりません。この行程のすべてを、一羽の親だけでまかなうのはなかなか無理というものでしょう（そういう種類もありますが）。

哺乳類には、両親そろって子の世話をするものはあまりありません。数少ないそのような種の代表はイヌ科の動物です。オオカミ、キツネ、タヌキなどは、夫と妻が長く続く一夫一妻関係を保ち、生まれた子どもに対する保護、毛づくろい、餌の吐き戻し、狩りの練習などを両親が共同で行います。哺乳する以外のすべての世話は、父親と母親でまったく平等に分担されているようです（図19）。

イヌ科はもちろん肉食動物ですから、獲物をとって食べねばなりません。獲物をとって食べる生活は、そこらに生えている植物を食べるよりもずっと時間と労力と技術のいる生き方です。したがって、親は遠出して獲物をとりにいかねばなりませんし、子どもも、たとえ離乳が終わっても、自分ひとりで獲物がとれるようになるまでには、かなり時間がかかります。当然、そのあいだ子どもにも食べさせてやらねばなりませんし、狩りのやり方も教えてやらねばなりません。そんなことが、イヌ科で両親そろ

図19　一夫一妻のタヌキの夫婦（志賀高原／長谷川寿一撮影）

っての世話が見られる理由なのでしょう。両親そろって子の世話をする哺乳類の、もう一つの代表は人間です。しかし、人間についてはあとでお話しすることにしましょう。

### 雌親だけによる世話

片親のみが世話をする動物はたくさんあります。子どもの世話をまったくせずに放り出しておけば子どもが死んでしまうので、なんらかの世話はせねばならないけれども、両親そろって手とり足とり世話をするまでもない、という場合にはどちらか片方の親の世話だけで十分ということになります。そして、その場合の片親というのは、母親であることも父親

図20　ニホンザルの母子（千葉県／長谷川寿一撮影）

であることもあります。

哺乳類の多くは、雌親だけが世話をします。哺乳類は、先にも述べましたように、雌が授乳をするので哺乳類なのですから、雄親の世話がないことはありません。そこで、片親の世話で十分ならば、それは当然雌親ということになります。私たちに近縁なサルの仲間も、ほとんどは雌親だけが世話をします（図20）。

鳥類では、片親の世話だけでよいものはあまりありません。しかし、オーストラリアのアズマヤドリや、日本に住むウグイスに近縁なセッカなどの一夫多妻の鳥では、雄はなにもせず雌だけが卵とヒナの世話をします。性淘汰の理論の説明で出てきたクジャクも、雌親だけが子の世話をし、あの派手な羽を生やした雄は、子育てにはまったく関与しません。

カエルの中には、非常に奇妙な育児方法を発明した種がいくつもあります。皆さんは、ふつう、カエルは子の世話なんかしないはずだと思われますか？　私は小さいころ、近所の池の中に産んであったカエルの卵を見て感心したことを覚えています。黒くて小さな卵が無数に入ったゼリー状のブルブルしたかたまりがとぐろを巻いて水中に潜んでいる姿は、気持ちが悪いと同時に、子ども心にも何か原始的な力を感じさせるものでした。あれはトノサマガエルか何かの卵だったのでしょうが、日本にいるカエルには、このように親の世話はありません。

しかし、全世界に分布しているいろいろなカエルを見ると、実にさまざまな工夫をこらした子育てがみられるのです。その中で、南米に住むヒラタピパというカエルは、雌が自分の背中に卵を埋め込んで育てるという奇妙きてれつな方法を開発しました。ヒラタピパは、名前のとおり妙に平べったいからだをしています。配偶相手が見つかると、雄が雌の背中に抱きついていっしょに求愛の踊りをおどり、水中でからだを回転させつつ、雌が産む卵に雄が受精させていきます。受精された卵は、雌が一粒ずつ足で自分の背中に乗せます。

すると、雌の背中の皮膚がもりあがってきて、しばらくするうちに、卵を全部包み込んでしまいます。卵は、こうして母親の背中のくぼみの中でまもられ、ぬくぬくと育った子どもは、やがて、母親の背中をやぶって外の世界に飛び出していきます。種によって、オタマジャクシのときに飛び出すものと、オタマジャクシのときもずっと母親の背中で過ごし、小さな子ガエルになって初めて飛び出してくるものとがあります。

同じく南米に分布するフクロアマガエルは、雌の背中に保育嚢があり、卵はこの中に取り込まれて育ちます。天然のバックパックに、卵を入れて育てるようなものですね。卵がオタマジャクシになると、雌は、自分の足の指をひっかけて袋を引き裂き、中のオタマジャクシを水中に放します。

オーストラリアに住むイブクロコモリガエルの仲間は、雌が受精卵を呑込んで、胃の中で保育します。子どもを呑込んだ雌の胃からは、胃液の分泌が止まり、雌は絶食します。子どもは、オタマジャクシの期間も母親の胃の中で過ごし、やがて子ガエルが口から「産み落とされ」ます。しかし、非常に残念なことに、この珍しいカエルは最近になって絶滅してしまったのではないかと危惧されています。

これらのカエルの母親は、自分のからだの中に卵を保持し、オタマジャクシまたはカエルになるまで育てますが、オタマジャクシを背中に乗せて歩くものもいます。中央アメリカに住むイチゴヤドクガエルは、雌がオタマジャクシを背中に乗せて、植物の葉の付け根にたまった小さな水たまりまで運びます。それから雌は、定期的にそこを訪れ、未受精卵を産んで、それを子どもの餌として食べさせるのです。

こうして見ると、哺乳類以外の動物でも、雌が、妊娠と授乳に相当するようなことをいろいろなやり方で発達させているものがあることがわかります。

魚の仲間にも、雌の世話があります。家庭で飼う熱帯魚の中でもっともポピュラーなグッピーは、雌が体内に卵を保持し、子魚になったときに出産します。

## 雄親だけによる世話

前節では、雌親だけによる世話のいくつかの例をあげてみました。哺乳類には授乳という制限要因がありましたから、片親だけの世話で十分な場合、世話をするのは雌親でしたが、そういった制限要因がない鳥類、両生類などでは、その片親は雄であってもまったくかまわないはずです。事実、哺乳類以外では、雄だけが子の世話をし、雌は何もしない種もけっこうたくさんあります。

たとえば、カエルの中には、雄親だけが世話をするものがたくさんいます。ヨーロッパに住むサンバガエルという名前のカエルは、雄が、卵塊を自分の足に巻きつけて運びます。こうやって運びながら、卵を保護し、水分が足りなくならないようにしているのです。

南米に住むヤドクガエルの仲間では、前節で紹介したイチゴヤドクガエルは雌が子の世話をしました。ところが、同じ属のカエルでありながら、マダラヤドクガエルやイボヤドクガエルは、逆に雄がオタマジャクシを背中に乗せて運び、雌は何もしません。

しかしもっとも風変わりなのは、南米の最南端、パタゴニアに住むダーウィンハナガエルでしょう。このカエルでは、雄の、声を出す器官である声嚢が、のどからおなかの下まで広がっていて、卵を舌ですくってこの声嚢の中に取り込んで育てるのです。先にお話ししたイブクロコモリガエルは、本当に胃の中で子どもを育てるのでしたが、ダーウィンハナガエルは、おなかはおなかでも、声嚢の中で子を育てるわけです。こうして雄のおなかの中で変態した子ガエルは、雄の口から飛び出して外界に出て行きます。

鳥の中にも、雄だけが世話をするものが、まれですがあります。たとえば、同じく南米のパンパスやパタゴニアに住んでいるレアという鳥がそうです。レアはダチョウと同じように、飛べない大型の鳥で、アルゼンチンやチリの、風の強い草原に住んでいます。

この鳥は、雄が地面にくぼみを掘って巣を作り、雌がその中に卵を産み込んでいきます。雌は、その後、どこかへ行ってしまうので、雄が単独で抱卵し、ヒナがかえるとみんなを引き連れて草原を歩き、食べ物のとり方を教えます。父親は、ヒナたちを捕食者や、突然の雷雨からもまもります。

また、雄だけが世話をする鳥の中で一風変わっているのは、オーストラリアツカツクリという鳥の仲間でしょう。オーストラリアやニューギニアに住むこの不思議な鳥は、大足類と呼ばれる仲間で、たいへん大きな足をしています。

この鳥の雄は、林の中に土だの枯葉だの最高五トンもの材料を運び込み、直径が一二メートルにもなる巨大な塚を作ります。雌はその中に卵を産みますが、卵を産んだあとは雌はどこかへ行ってしまい、その後いっさい子の世話はしません。

ところが、雌が立ち去ったあとの塚を、雄は精魂こめて世話するのです。雄は、土を盛り上げて卵を覆い、枯葉をたくさんかけます。そして始終、塚の温度を気にしながら、温度が高くなりすぎないように、また低くなりすぎないように、土や枯葉を増やしたり、減らしたり、ひっきりなしに世話をします。つまり、ふつうの鳥類が巣の中に産んだ卵の上に座って自分の体温で温めるのを、この鳥は、地面に埋めて地熱でやるわけです。そして、地中の温度を一定に保っておくために、雄があらゆる努力を払っているのです。このような雄の世話と、塚の構造そのもののおかげで、塚の内部の温度は、驚くほど一定に保たれています。

このような世話を何カ月も続けたあげくに、ヒナたちが塚からはいだして出てくるのですが、子どもは、この世に飛び出したとたんに四方八方へ走り去ってしまい、親子の温かい絆はまったくありません。これまでこんなに献身的に世話してくれた「お父さん」の顔も見ずに、ちりぢりに巣立っていきます。

魚の仲間で雄による世話のあるもっとも有名な例はタツノオトシゴでしょう。タツノオトシゴは、一見、魚とはほど遠い、立ち上がった馬のようなかたちをしている小さな動物です。この魚は一種の「胎生」で、おなかから子タツノオトシゴを産むのですが、それをするのは雄なのです。

どういうことになっているのかというと、雄の腹部に育児嚢と呼ばれる袋があって、雌がその中に卵を産み込みます。卵は、袋の入口から中へ入っていくときに受精され、あとは、雄の育児嚢の中で、発生を始めます。やがて子どもがかえると、育児嚢の口から一匹ずつ産み出されていきますが、それは本当に「出産」のようです（図21）。

このほかにも、イトヨ、ハナカジカなどの魚は、雄がなわばりを持ち、雌が産んで

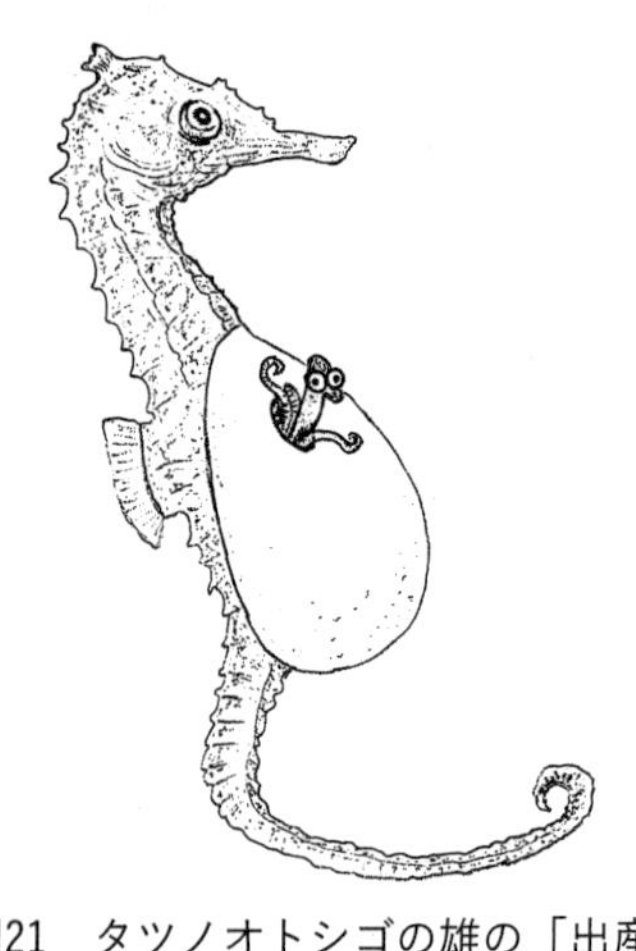

図21　タツノオトシゴの雄の「出産」

いった卵を雄が保護します。

さて、このように世話なし、雌親のみ、雄親のみ、両親そろっての世話、と千差万別の子育て様式ですが、誰が子の世話をするのかは、いったい何で決まるのでしょう？　とくに、片親だけの世話で十分な場合、雌親が世話するのか雄親が世話するのかを決める要因は何なのでしょう？

このことは、配偶者をめぐる競争の問題と密接な関係にあります。なぜなら、たとえば雌が子の世話をし、雄はしなくてよいのならば、雄はその間に次の雌を探しにいく余裕ができます。雄が世話してくれるならば、逆に、雌が次の配偶者を探しにいけるかもしれません。そして、次の配偶者を探しに行ける方の性は、誰もがそうするために、配偶者獲得の競争に放り込まれることになるからです。

## 「食い逃げ」仮説

これまでに何人かの人たちが、この問題に対する答えの案を出してきました。その最初のものが、ドーキンスとカーライルによる「食い逃げ」仮説ともいうべきものでしょう。これは、魚の間で、なぜ雄が世話をするものと雌が世話をするものとがあるのか、という疑問に対する答えの試みとして出されました。

魚の中には、体外受精するものと体内受精するものとがあります。体外受精では、まず雌が卵を水中に放出し、次いで雄が精子を放出してそれに受精します。したがって、雄と雌の両方が一緒になって卵と精子を放出し、繁殖の仕事を始めるのですが、雌の方が一足先に仕事が終わってしまうことになります。そこで、片親の世話だけで十分ならば、雌は、先に卵を産み終わるのですから、雄が精子をかける仕事をしている間に逃げてしまい、あとの世話を雄に押しつけることができるでしょう。ですから、体外受精をする魚では、もし子の世話があるとすれば、雄がするはずだ（せざるを得ないはめにおちいる）という説です。

一方、体内受精の場合には、卵が雌のからだの中に保持され、そこへ雄が精子を送り込むのですから、当然、あとの世話は雌に押しつけて雄が逃げていくことができます。ですから、体内受精の種では、雌が子の世話をするはずと予測されます。

これは、雄と雌の仕事の時間的ずれをねらって、雌が逃げるか、雄が逃げるかを予測したもので、いわば、ご飯を食べたあとで、店の人があとかたづけをしている間に逃げていくようなものですから、「食い逃げ」仮説と呼んでみました。

これはなかなか面白い仮説です。しかし、体外受精であっても雄と雌とがまったく同時に放卵、放精するものがありますが、そのような場合にはどちらが相手に仕事を押しつけて逃げていけるのでしょうか？「食い逃げ」仮説によれば、こんなときには、雄が逃げるのも、雌が逃げるのもチャンスは半々となるはずです。ところが実際にはこの場合でも、雄のみが世話をすることがほとんどなのです。したがって、「食い逃げ」仮説は、細かいところでは、事実をうまく予測してはいないことになります。

父は子をどう見分けるか

上記の「食い逃げ」仮説は、細かいところではうまくいかないように見えますが、体内受精の種は雌による世話が多く、体外受精の種では雄による世話が多いという結

| | | 雄のみの世話 | 雌のみの世話 | 世話なし |
|---|---|---|---|---|
| 硬骨魚類 | 体外受精 | 61 | 24 | ? |
| | 体内受精 | 2 | 14 | ? |
| 両生類 | 体外受精 | 14 | 8 | 10 |
| | 体内受精 | 2 | 11 | 0 |

表2　受精の様式と親の世話

論は、おおまかなところでは当たっているようです（表2）。

トリヴァースは、この受精の様式が、雄の世話か雌の世話かを決めるもっとも大きな要因であると考え、それは、雄親にとって、どれほどの確信を持って自分の子を見分けられるか、ということによると考えました。

雄にとっても、雌にとっても、子の世話をするのは大きな時間と労力の投資ですから、もしもそれが自分の子でない子に向けられてしまったならば、大きな損失となります。

いま、「自分の子どもをしっかりと見分けて、自分の子だけにしか世話を振り向けない」という戦略（と、その戦略を支配する遺伝子）と、「自分の子かどうかには頓着せずに世話をする」という戦略（と、その戦略を支配する遺伝子）とがあるとします。すると、前者の方は、確実に自分の子に世話を振り向け、その戦略（とそれを支配する遺伝子）が次代に伝わっていきます。しかし、後者の方は、自分の子でない子に多くの世話を振り向けることにより、自分自身の繁殖がおろそかになりますし、他個体に自分の子の世話をさせようとする者に利用されてしまいます。したがって、後者の戦略（とその遺伝子）は、前者に比べて次代に拡散していくことができず、負けてしまうでしょう。ですから、「自分の子だけに世話をする」ということは、世話が大きくなればなるほど大事なことになります。

ところで、よほどのことがない限り、雌には、自分の産んだ卵と他人の産んだ卵との見分けがつかなくなることはありません。たとえその卵が誰の精子で受精されたものであっても、卵が自分のものでありさえすれば、雌にとっては、それは自分の子です。

一方、雄にとってはどうでしょう？　それは、受精の様式によってかなり違うことになります。まず、体外受精の場合はどうでしょうか？　水中に放出された、自分の目の前にある卵に自分で精子をかけるのですから、雄にとって自分の子を確認するのは、かなり容易なことでしょう。ところが体内受精ではどうでしょうか？　卵は雌の体内に隠されていて見えません。雄はそこへ精子を送り込むわけですが、誰かほかの雄も精子を送り込んでいるかもしれず、卵は、その雄の精子で受精されているのかもしれません。すべては闇の中です。

というわけで、体外受精の種では、雄が子の父性を確認しやすいので、確実に自分の子である子に対して、雄による世話が発達しやすく、体内受精の種では、雄が子の父性を確認しにくく、自分の子である確信が少なければ、その分、雄による世話は発達しにくくなり、かわって雌による世話が発達する、ということが考えられます。これが、トリヴァースの考えた父性確認仮説です。

これもまた、うまくできた説明のようです。しかし、もしそうならば、表2でもおわかりのとおり、なぜこの規則に合わない例外が出てくるのでしょう？　体外受精にもかかわらず雌が世話をするものがあるのはなぜで、体内受精にもかかわらず雄が世話をするものがあるのはなぜなのでしょう？

ゲーム理論を使って考えると

上記の二つの仮説は、片親の世話で十分なときに、雄が世話をするべきか、雌が世話をするべきかという問題について、受精の様式、父性の確認といった単一の要因で説明をつけようとするものでした。受精の様式にせよ、父性の確認にせよ、どちらが世話をするべきかを決める、普遍的な要因が一つあると考えているわけです。

しかし、本当にそうでしょうか？　よく考えてみると、どちらが世話をするかということは、相手のある問題であり、相手の出方によって変わるものです。受精の様式や父性の確認がどうであれ、いくら自分が世話をしようとしても、もしも、相手が世話をしてくれるのならば、自分がわざわざ世話をすることはないでしょう。

また、これは繁殖戦略の話ですから、今いる子の世話をしないとしたら、その間に何をするのか、ということをもう一度考えてみなければいけません。子の世話をしないとしたら、次の子を作る機会を探しに行くわけです。ところが、もしも、次の繁殖の機会を求めて異性を探しに行っても、そういう機会はないとしたら？　それでは、子の世話をさしおいて、あえて次の配偶のチャンスを求めて出て行くのは、得策とはいえません。

つまり、誰が子の世話をするべきかという問題は、相手の出方、自分の次の配偶者の見つかる可能性、自分がいなくなった場合の子の生存確率、などなどのいろいろな要素がからまった複合的な問題なのです。ですからおそらく、受精の様式や父性の確認だけといった単一の要因で決まるものではないでしょう。

相手の出方により自らのするべきことが変わるような行動は、ゲームの理論と呼ばれる数学で分析されます。イギリスのメイナード＝スミスや、日本の山村則男などの数理生物学者たちは、この問題をゲーム理論を使って考えてきました。

ゲーム理論では、自分が子の世話をしたときの子の生存確率、自分が子の世話をしなかったときの子の生存確率、自分が子の世話をしたときの自分の生涯繁殖成功度、自分が子の世話をせずに新しい相手を探しにいったときの配偶確率、などのパラメータを、雄と雌の両方について設定し、コンピュータで計算して、何をするのがその個体にとってもっとも最適であるのかを見つけ出します。

これらの計算は複雑ですし、結果も一口では表せない複雑なものが出てきます。その詳細を説明することは、ここではいたしませんが、結論としていえることは、誰が子の世話をするべきかという話は、いくつかの仮説で考えられていたように、単純な問題では解決しないということ、つまり、相手の出方を予測し自分の行動を決定するには、多くの要素が関連しているということでしょう。

## 潜在的繁殖速度

さて、子の生存に親の保護が必要な場合、どちらの性が子の世話をするべきかについての仮説を見てきました。どちらの親が子の世話をするべきかは、何か一つの要因で普遍的に決まるものではなく、集団の性比、相手の性が何をするか、自分の次の配偶確率はどうか、子の生存は大丈夫か、といったいろいろな要因が複合して決まるようです。これは、第4章で検討した、配偶者をめぐる闘いの強さとどういう関係にあるでしょう?

ダーウィンは、動物界では多くの場合、配偶者の獲得をめぐって雄どうしが争うのであり、雌はそんな争いはしないので、配偶者を選り好みすることができる、という事実に最初に気づきました。このことに対してダーウィン自身は何も説明を与えませんでしたし、そのこと自体も長らく重要視されてはきませんでした。トリヴァースの投資の理論は、このことに理論的説明を与えようとする最初の試みだったわけです。

トリヴァースは、精子と卵の大きさと数の違いに注目しました。卵に対する雌の初期投資は、雄の精子に対するそれよりも大きいので、雌は卵、ひいては子が死んでしまったときのやり直しの損失が雄よりも大きいことになります。すると、雌は、そんなことが起こらないようになんらかの子の世話をするようになるはずであり、もし雌が、生まれた子の世話をし、雄がその分何もしないとすると、それが、受精可能な雌の数を減らし、雄が余る事態を導きます。そして、雄は次の配偶機会を求めて競争することになるでしょう。

そうすると、いま目の前にいる子の生存率を上げるために費やす時間的エネルギー的努力が、雄と雌では違うことになります。それは、雌の方が大きいのです。トリヴァースは、この時間的エネルギー的投資を「親の子に対する投資」と名づけました。そして、どちらの性が配偶者をめぐって争うかは、この投資の相対的な量で決まるのであり、投資が大きい方の性をめぐって、投資が小さい方の性が争う、と考えたのでした。

もしそうならば、雌雄の通常の役割が逆転して、雄が子の世話をして雌は何もしない種では、雄の方が子に対する投資が大きくなりますから、競争関係も逆転して雌どうしが配偶者をめぐって互いに争うことになるはずです。ところが、表2に示したように、雄が子の世話をするにもかかわらず、やはり雄どうしが配偶者をめぐって争うものがあるのです。これは、どうしたことでしょう？　トリヴァースの理論は間違っているのでしょうか？

雌が、精子に比べると大きな卵を作り、それには、精子を作るよりも時間とエネルギーがかかるのは事実です。それに対して雄は、低コストでできる精子をいつも大量に持っています。一方、子の世話を誰がするかは、いろいろな要因がからまっており、雄であることも、雌であることもあります。もし雌がすれば、確かにトリヴァースのいうとおり、雌の投資量が雄よりもうんと大きくなりますから、雄は配偶者を求めて雄どうしで争うことになるでしょう。

では、雄が世話をすることになったらどうでしょう? 確かにその分、雌は暇になります。しかし、それでも雌は、次の配偶者を見つけるためには、まず卵を作らねばなりません。雄の場合には、精子が低コストで大量に作られるので、すぐにでも次の配偶者を見つけに行くことができましたが、この卵作りには、もっと時間とエネルギーがかかります。

そこで、雄が最初の卵の世話を引き受けて、それらの子の世話を完了するまでの時間が、雌が次の卵を作るまでに要する時間よりも短かったらどうなるでしょう? 一匹の雄と雌が第一回目の繁殖をし、雄が卵の世話を引き受けて、子が一人立ちするまでめんどうをみても、それと同じ時間に雌が、次の卵を作り終わることができなければ、雄が次の繁殖に取りかかろうとしたときに、雌はまだその用意ができていません。したがって、こういう場合には、繁殖可能な雌の数は、繁殖可能な雄の数よりも少なくなるので、結局のところ雄どうしが争わねばならなくなるでしょう。

表3は、雌雄の潜在的繁殖速度の差と、配偶者をめぐる競争関係を比べたものです。たとえば、サンバガエルの場合を見てみましょう。サンバガエルは、雄が卵を足に巻

きつけたり背中にしょったりして世話をします。つまり、現在の子の生存率を上げるために、将来の子を作る機会を犠牲にしているのは雄の方です。ところが、相変わらずサンバガエルの雄は、配偶者の獲得をめぐって雄どうしで闘います。

そこで、サンバガエルの雄と雌の繁殖速度の差を見てみましょう。卵の塊を引き受けた雄は、およそ二、三週間、子育てをします。つまり、二、三週間たたないと次の繁殖には取りかかれません。一方、雌はといえば、産んだ卵を雄に押しつけたので、子育て投資は何もありません。すぐに次の子の生産に取りかかれます。しかし、雌がいったん卵の塊を産んでしまってから、次の卵の準備が完了するまでには、最低四週間かかるのです。

そこで、二、三週間後には雄は次の繁殖に取りかかれるものの、雌はまだ準備ができていないということになります。こうして、現在の子に対する投資量は雄の方が大きいにもかかわらず、繁殖可能な雌の数は雄よりも少ないことになり、やはり雄どうしが闘わねばならなくなるのです。

ところがアカエリヒレアシシギでは、雄がヒナの世話を完了するのにかかる日数が平均三三日であるのに対し、雌は、一〇日に一度の割合で次の卵を産むことができます。そこで、繁殖可能な雌の数が、雄の数よりも多くなり、配偶者をめぐって雌どう

| | | 潜在的繁殖速度 | |
|---|---|---|---|
| | 種 | 雄 | 雌 |
| 雄どうしが雌をめぐって争う種 | サンバガエル | 2～3週間 | 4週間 |
| | アマガエルの仲間（*Hyla rosenbergii*） | 4日 | 23日 |
| | ヤウオの仲間（*Eheostoma olmstedi*） | 4日 | 5～16日 |
| 雌どうしが雄をめぐって争う種 | アカエリヒレアシシギ | 33日 | 10日 |
| | チドリ | 61日 | 5～11日 |
| | ナンベイタマシギ | 62日 | 1シーズン4回産卵 |

表3　雌雄の潜在的繁殖速度と配偶者をめぐる競争

しが闘うことになるのです。

つまり、どちらの性が配偶相手をめぐって争うかは、両性の潜在的繁殖速度の違いにかかっているようです。潜在的繁殖速度の速い方の性が、遅い方の性をめぐって争うわけです。こう考えると、いろいろな例外に解決がつくように思われます。

トリヴァースが指摘したとおり、繁殖をめぐる競争の強さは、繁殖可能な個体の数のアンバランスによります。このアンバランスを生み出すものを、トリヴァースは、初期投資量の差だと考えました。しかし、もっとも重要なのは、卵と精子を作るのに要する時間とエネルギーのコストも、配偶努力も子育て努力もすべてひっくるめた、潜在的繁殖速度の違いによるのだといえるでしょう。

# 第7章　雌をめぐる競争

## 雌を獲得するさまざまな戦略

繁殖のために個体が費やす時間とエネルギーは、配偶者獲得のための配偶努力と、生まれた子の生存率を上げるために行う子育て努力に分けられます。ダーウィンは、配偶者獲得のための闘いは、雄に固有の性質と考えました。トリヴァースは、そうではなくて、雄どうしが闘うことも雌どうしが闘うこともあるだろうと考え、その競争の様子を決めるのは、配偶努力と子育て努力の差し引き関係にあるのだと考えました。

したがって、誰が子の世話をするべきかが問題となり、前章では、それが何で決まるのかを検討してみました。ところが、雄が子育ての仕事を全部引き受けながら、なおかつ配偶者の獲得の競争をも闘っている種があり、配偶努力と子育て努力とは、必ずしも差し引き関係にはないことがわかりました。実際は、配偶者をめぐる競争の存在は、雌雄の潜在的繁殖速度の違いによって決まるのでした。

理論的にはその通りですが、実際には、雌雄異体の生物の多くのものは、雄の方が雌よりも潜在的繁殖速度が速くなるので、ダーウィンが最初に指摘したとおり、配偶者の獲得をめぐる競争の多くは雄どうしで見られることになります。本章では、配偶機会の獲得をめぐるさまざまな戦略を見てみることにしましょう。

さて、配偶者の獲得をめぐる雄間の競争には、想像以上に厳しいものがあります。とくに、一頭の雄が多くの雌を自分のコントロールのもとに占有し、他の雄の接近を排除するような「一夫多妻」のシステムでは、あぶれる雄がたくさん出てきます。当然どの雄も、自分がその幸せな一頭になろうとし、激烈な争いが生じます。

そのような争いに勝つ方法にはどんなものがあるでしょう？　なにも正直に闘うばかりが勝つ方法ではありません。正直に闘うのももちろん一手段ではありますが、それはそれはさまざまな代替戦略があるのです。

## 正直な闘争

雌をめぐって雄どうしが肉体的な闘争を繰り広げることはよくあります。これぞ、ダーウィンが最初に着目した雄間競争の、もっとも一般的な例でしょう。

たとえば、先にも紹介しましたように、ゾウアザラシは、一頭の雄が何十頭もの雌を占有し、ハーレムの所有者になる、たいへん極端な一夫多妻です。そこで、雄と雌の数がほぼ同じであれば、大量の雄が余ることになり、ハーレム所有者の地位をめぐって、激しい肉体的闘争が行われます。これは、真っ向からからだで対決する、正直な闘争です。

この正直な闘争に勝つためには、なるべく体格が大きく、体力がなければいけませんから、ゾウアザラシの雄の体重は、雌の七倍にもなりました。その結果、余りに巨大になった雄の下敷きになって、雌や赤ん坊が殺されてしまうこともあるというのですから、はた迷惑な話です。しかしこの結果、非常に成功した雄は、一生の間に一〇〇頭を超す数の子どもを持つことができます。これに対して、一頭の雌が一生の間に持つことのできた子の数の最大は八頭でしかありません。

また、ヨーロッパに住むアカシカも、一頭の雄が五、六頭の雌からなるハーレムを占有します。この場合も当然、全部の雄がハーレムを持つことは不可能ですから、激しい闘いが起こります。

雄たちは、挑戦相手に対して足を高く踏みならして行進したり、角で地面をかきまわしたりして、相手を挑発します。そして最後には、角を突き合わせて押し合いのけんかに持ち込まれますが、とがった枝角を絡み合わせ、相手をひっくり返したり、押し倒したりするのですから、このけんかはたいへん危険です（図22）。雄たちの二〇から三〇パーセントが一生残る傷を受け、毎年数パーセントの雄が、このけんかで負った傷がもとで死んでしまうくらいです。

図22　アカシカの雄どうしの闘争

この闘争に勝つためにも、体格が大きく、体力があり、立派な大きな角を持っていることが大事です。雄の繁殖成功度と雄の体重、角の大きさとの間には有意な相関が見られます。

また、直接相手と四つに組んでけんかをしなくても、正直な闘争はあります。たとえば、カエルの合唱です。梅雨どきになると、ケロケロゲロゲロとたんぼで鳴くカエルの合唱は、うるさいですが季節感があっていいものですね。あれは雄が求愛のために鳴いているのであって、いろいろな実験から、周波数の低い声で鳴く雄ほどけんかに強いことがわかりました。カエルの雄たちは、自分より低音で鳴く相手は避けて通り、自分より高音で鳴いている相手にはけんかをしかけて倒してしまうのです。

シジュウカラを初めとする多くの小鳥たちが繁殖期に美しい声で鳴いているのも、繁殖なわばりの獲得と維持に関係があります。毎日毎日ああやって鳴き続けるのは非常なエネルギーの消耗ですが、そうやってなわばりを獲得し、なおかつ常に自分の存在を宣伝していないと、よそからやってきた雄になわばりを乗っ取られてしまいます。これも、正直な雄間競争の一つです。

正直な肉体的闘争は、多くの動物で見られますが、闘争に勝つか負けるかがほとんどからだの大きさだけで決まってしまうような場合には、実際に闘うよりも、相手のからだの大きさを正確に査定することの方が大事になります。二者のからだの大きさにかなりの差があり、大きい方が必ず勝つのならば、小さい方にとっては、最初から負けがわかっている闘いをわざわざするのは無駄というものでしょう。そのような動物では、闘いの前に、互いのからだの大きさを正確に査定する、一種の儀式のようなものが発達しました。多くのハエの仲間は大きな頭を持っていますが、これは、相手のからだの大きさを、頭の大きさで測っているからのようです。

このようなハエの仲間で、相手のからだの大きさを測る儀式のために、とてつもなく奇妙な頭を持つようになったハエをご紹介しましょう。それは、オーストラリアに住んでいるシュモクバエというハエです。

シュモクバエの雄は、配偶に適した場所をなわばりとして確保し、そこで雌が来るのを待ちます。配偶によい場所はいくらでもあるわけではありませんから、そのような場所をめぐって雄どうしが争うことになります。この闘いは、多くのハエにおけるのと同様、ほとんどからだの大きさだけで決まります。そこでシュモクバエの雄は、相手のからだの大きさを査定するのですが、このハエの雄の両目は直接顔についておらず、顔から突き出た眼柄と呼ばれる細長い棒状の突起の先端についているのです。

二匹のシュモクバエの雄が出会うと、両者は前足を上げてボクシングのように相手をけりつける動作をします。するとこのとき、両者は間近に顔を突き合わせることになり、目と目を合わせ、互いの目と目の間の幅を測ることができます。これがシュモクバエの雄間競争で、眼柄の長い方が勝ち、つまり、目と目がより離れている方が闘争に勝ちます。目と目があまり離れていない方は、すぐに身を引き、この闘いのほとんどはたった六秒ほどで終わってしまいます。この世には実にいろいろな動物がおり、実にさまざまな変わったことをしていますが、シュモクバエの雄の目の幅競争は、もっとも変わったものの一つではないかと、私は思います。

肉体的な闘争は雄だけの専売ではありません。先に述べたように、雌の潜在的繁殖速度が雄のそれよりも速くなると、闘いの関係も逆転します。そうなると、雌どうしが闘うことになります。そのよい例が、さきにもご紹介したアカエリヒレアシシギです。この鳥では、子育てのいっさいを引き受けてくれる雄をめぐって、雌どうしが蹴爪でけり合ったり、翼で叩き合ったりの肉体的闘争を繰り広げます。

雄がオタマジャクシを背中にしょって世話するマダラヤドクガエルでも同じで、雌どうしが、足でけり合ったり取っ組み合ったりのけんかをして雄を手にいれます。

## スニーカー戦略

前節で述べたのは、押し合いへし合いや角突き合いのけんか、目の幅を競うけんかなど、いろいろありますが正直な闘争でした。初めに、正直に闘うばかりが闘争に勝つ方法ではないと述べましたが、正直に闘うものがいるところでは、必ずといっていいほど、何か姑息な手を使う連中がいるものです。その一つが、動物界に非常に広く見られるスニーカー戦略と呼ばれるものです。

たとえば、川や池に住むバラタナゴという淡水魚を見てみましょう。繁殖期になると、雌のしりびれの根元が非常に長く伸びてきて、繁殖の準備ができたことを知らせます。一方雄は、ひれが美しいピンク色になり、雌に求愛を始めます。雌が後ろにたなびかせている長いリボン状のものは、実は産卵管で、タナゴは自分の卵を、バカガイ、カラスガイなどの貝のえらの中に産みつけるのです。

求愛の儀式が完了し、雄雌両者の準備が整うと、いよいよ産卵と放精が始まります。両者は、ほんの少し口を開けている貝の前に並び、あっというほどの短い間に、雌が産卵管を貝の中に差し込んで卵を産みつけます。そのあとで雄がその付近に放精する、ということを繰り返します。

さて、この場面をよく見ているとこの二匹の後ろの方に、何かこそこそ隠れている奴がいることがあります。そいつは、雌が貝の中に産卵し、さて雄がその上に放精しようとするその瞬間に、雄の死角から急速に接近してきて、その雄が放精する前にそこに放精してしまいます。つまり、これがスニーカーの雄だったのです。

スニーカーとは、運動靴のスニーカーと同じく、「こそこそする者」の意味です。このバラタナゴの雄のように、スニーカー戦略をとる雄は、正規のなわばりを持ったり、正規の求愛をしたり、正直に闘ったりすることをしません。そのかわり、正直に求愛したり、正規の繁殖なわばりを持ったりしている雄が、やっと雌を連れてきて繁殖行動が始まるその瞬間に、うしろの方からさっと現れて受精をしてしまうのです。なんと小ずるい奴ではありませんか？　しかし、動物のやっていることを、このような人間の価値観で判断してはいけません。進化の過程には価値観も倫理観もありませんから、繁殖成功度を上げる方法として有効なのであれば、それは進化します。

このようなスニーカーの存在は、サクラマスなど他の魚類や、カエルの仲間などで知られています。昔は、動物行動学でスニーカーなどというものはまともに取り上げられませんでした。「自然」がこんな汚い手を使うとは誰も思っていなかったのです。しかし、個体ごとに置かれている条件が違えば、たとえ同種の雄であっても、異なる戦略をとるものがあるのは当然のことでしょう。

ではなぜある者は正直に求愛し、ある者はスニーカーになるのでしょうか？　ここで、正直な戦略とスニーカー戦略の利点と欠点を比較してみましょう。

正直に闘って勝ち、正直に求愛し、正直になわばりを維持していれば、たぶん雌を獲得できるでしょうから、正直な戦略をとって勝てる雄の繁殖成功度は高いでしょう。これがこの戦略の利点です。

しかし、このような戦略で勝つには、たいへんなエネルギー消費が必要で、並外れた体力が必要です。それがこの戦略の欠点の一つです。そのようなエネルギー消費が苦にならないのならばけっこうですが、個体にとっては、それが非常に負担になるものもあるでしょう。それは、生まれつきのハンディによる場合もあり、年齢やたまたま今年はけがをしたかどうかなど、同じ個体でも時によって変わることもあります。つまり、多大なエネルギー投資の欠点が、どれほど欠点として深刻かは、個体ごとに異なるわけです。

また、正直に求愛したり、正直になわばりを維持していたりすると、だまっている時に比べて目だちます。だからこそ、求愛ができるのであり、他の雄を寄せつけずにいられるのです。ところがこの目だつ信号は、同時に、あまり来て欲しくない相手をも引きつけてしまいます。捕食者です。正直な求愛は、それ自体の信号で捕食者を引きつけますし、また、求愛を一生懸命やればやるほど、捕食者に対する注意はおろそかになるでしょう。これは、正直な求愛に必然的に伴う欠点といえます。

一方、スニーカー戦略の方はどうでしょう？　こういうこそこそしたやり方では、必ずや相手を出し抜いて受精に成功するとは限りませんから、繁殖成功度はそれほど高くはありません。しかし、スニーカーははなばなしい闘いや求愛の儀式を行わないのですから、それに伴うエネルギー消費や、捕食の危険からもまぬかれることができます。

エネルギー消費や捕食の危険をあえておかしても十分勝てるほどの体力があると見込んだ個体は、正直戦略で高い繁殖成功度に賭けるでしょうが、それほどの自信のない個体は、正直戦略に賭けて負けてしまっては元も子もないので、予想される繁殖成功度は低くとも、スニーカー戦略をとることになります。

ところでスニーカー戦略は、単独では存在できません。つまり、全員がスニーカーになってしまうことはできないのです。スニーカーは、つねに正直者がいることを前提に、その正直者の努力に寄生しているのですから。つまり、世の中は、大部分は正直者であるようにできているのです。

雌のふりをする戦略

スニーカーは、自分では正直に求愛をしたり、闘ってなわばりを獲得したりせずに、正直者がやっと手に入れた雌を、最後の瞬間に横取りするという戦略でした。このほかに、雌のふりをして、求愛している雄に接近し、その雄に引き寄せられてきた本当の雌を横取りするという戦略があります。

たとえば、動物行動学の祖の一人であるティンバーゲンの実験で有名な淡水魚のイトヨです。イトヨの雄は繁殖期になるとおなかが赤くなり、雌は卵を持つのでおなかが大きくなります。雄のおなかが赤いことと、雌のおなかが大きいこととは、それぞれ相手の性にとって、繁殖の準備ができていることを示す信号です。

イトヨの雄は雄どうしで闘争し、勝った方がなわばりを構えて、その中に巣を作ります。そこで、おなかが赤くなくて大きい魚がやってくると、それは雌ですから、求愛のディスプレイをして、巣に誘います。二匹は有名なジグザグ・ダンスを踊り、すべてがうまくいくと、雌が巣に入って卵を産み、雄はそこに放精します。

一方、おなかの赤い魚がくれば、それはほかの雄ですから、雄は、自分のなわばりから彼らを追い払います。ティンバーゲンは、いろいろな形や色の模型の魚を用いて、これらの反応が実に単純な信号による行動であることを示したのでした。すなわち、正確に魚の形などしていなくても、下半分に赤がある適当な大きさの楕円形のものなら何に対しても雄は攻撃をしかけ、赤がはいっていなくて丸まっちい形をしたものなら何に対しても、雄は求愛を示すのです。

さて、こんなに単純な信号によって雄が行動しているのならば、これを逆手に取って雄をだますことは、いとも簡単なことでしょう。それが、自分ではなわばりを持たず、雌のふりをして雄に近づく戦略です。こういう雄は、繁殖期になってもおなかが赤くなりません。おまけに水をたくさん飲んでおなかを膨らませています。彼らがどうやってなわばり雄をだますのか、見てみましょう。

なわばり雄は、雌を誘って自分の巣に誘導し、そこで卵を産んでもらって、その上に自分の精子をかけるのですが、一匹の雌が産む卵の数よりも多くの卵のめんどうを見ることができます。そこで雄は、二匹以上の雌に卵を産んでもらって、そのあとでまとめて放精しようとします。

いま、あるなわばり雄が一匹の雌に求愛し、雌がその雄の巣に卵を産んだとします。その雄は、もっと多くの雌にきてもらおうとしています。そこへ、おなかの赤くない、少しおなかの大きそうな魚が近づいてきました。そこでなわばり雄は、その「雌」に対しても求愛をします。するとその「雌」はちゃんと雌が求愛にこたえるときの行動を示し、二匹はジグザグ・ダンスを踊りながら巣の方へ近づいていきます。その「雌」は巣の中に入ります。なわばり雄は、二回目の卵を産んでもらっていると思っているわけですが、この「雌」は実は雄なので、なわばり雄が最初の雌からもらって、まだ受精の済んでいない最初の卵に、まんまと自分の精子をかけてしまうのです。

雌のふりをする雄のもう一つの例として、イモリの仲間をご紹介しましょう。

このイモリでは、雄が雌に求愛し、雌の前を歩いていくと、求愛に応じた雌が雄のうしろからついていきます。そこで雄は、精包という精子のつまった袋を地面に落とします。うしろからついてきた雌は、地面に落とされた精包を、自分の総排せつ孔から取り込み、体内受精が行われます。これがこのイモリの繁殖の方法ですが、雌のふりをした雄は、どうやって正直な雄をだますのでしょう?

図23をよく見て下さい。まず、正直な雄Aが雌Bに求愛しつつ、先頭を歩いていき

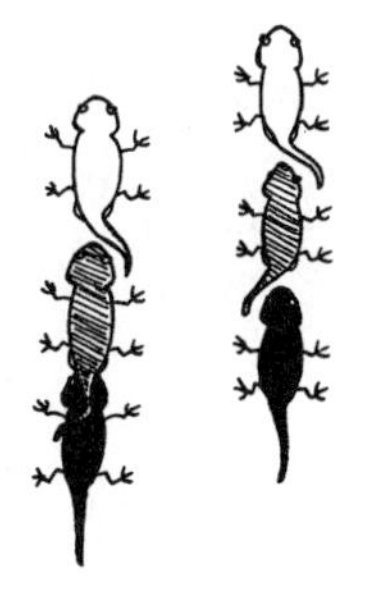


図23　雌のふりをするイモリのだまし戦略

ます。雌Bはそのうしろからついていきます。と、そこへ変な奴Cが現れました。これが雌のふりをする雄です。雄Cは上半身で雌Bのふりをし、雄Aを安心させつつ彼についていく一方、下半身では雄Aのふりをし、雌Bを安心させて彼女の前を歩いていきます。

うしろに雌Bがついてきているとばかり思っている雄Aは、やがて精包のかたまりを地面に落とします。それと同時に雌のふりをしている雄Cも自分の精包を地面に落とすので、当然ながら、雌Bが卵の受精のために取り込むのは、雄Aのではなくて、こちらの雄Cの精包となります。それでは、雄Aの落とした精包はどうなるのでしょう？　雌に利用されずに無駄に終わってしまうのでしょうか？　いいえ、それよりもっと悲惨です。雄Aの精包は、雄Cに食べられてしまうのですから！　精包にはタンパク質がたくさん含まれているので、雌のふりをする雄は、正直雄が落とした精包を食べてさらに元気になるのです。

## 子殺し、卵つぶし

潜在的繁殖速度の速い性は、遅い方の性をめぐって争います。潜在的繁殖速度が遅い方の性は、多くの場合、前の子供の子育て努力に時間を費やしているから遅くなるのです。卵を暖めたり、子どもに授乳させたりしているために、次の繁殖に取りかかれないわけです。

ということですから、速度の速い方の性としては、速度を遅くさせている原因を取り除くのが、配偶者を得るための一方法となります。それが子殺し、卵つぶしです。

アフリカやアジアの森林に住む霊長類の多くは、一夫多妻の社会を持っています。そのようなサル類の多くでは、雄が子殺しをするのが観察されていますが、それは、配偶者獲得のための雄の戦略と考えられます。

そのうちのもっとも有名な、インドのハヌマン・ラングールというサルの例を見てみましょう。ハヌマン・ラングールは樹上性のサルで、一夫多妻の社会を作っている集団と、複雄複雌の社会を作っている集団とがあります。一夫多妻の社会を作っているところでは、当然、あぶれた雄がたくさんいますから、そういう雄は、群れの外で繁殖の機会をねらっています。

そこで、ある時、外にいるあぶれ雄たちが、一夫多妻の集団を襲い、そこの雄にけんかをしかけて放逐してしまいます。やがて、新しい雄が決まると、その雄は、群れの中にいる赤ん坊を次々とかみ殺してしまうのです。その結果、母親たちは発情を開始し、新しい雄は配偶の機会を得ます。

あぶれ雄は、雌のいる集団から遠ざけられているのですから、配偶の機会を得るには、まず雌のいる群れを乗っ取らねばなりません。しかし、群れを乗っ取っただけでは配偶の機会が得られるとは限りません。雌が、前の雄との間にできた子どもにまだ授乳していれば、発情しないからです。そこで新しく群れを乗っ取った雄は、さらに、現在授乳中の赤ん坊、つまり、雌の繁殖速度を遅くさせている原因を取り除くことによって、真の配偶の機会を得るのです。この子たちが離乳するまで待っていられない理由は、新しく群れを乗っ取った雄も、いつまた自分が別の雄に追い出されてしまうかわからないからです。

逆に、雄の方が潜在的繁殖速度が遅い場合には、雌による子殺しが見られます。たとえば、中南米に住むレンカクという鳥の仲間は、ハスの葉の上のような不安定な場所で、雄だけが子育てをします。雄は、一回目の卵を引き受けると、そのめんどうに約六〇日かかりますが、雌は一週間以内に次の卵を産むことができます。そこで、卵の世話を引き受けてくれる雄をめぐって、雌間に激烈な争いが生じます。

レンカクの雌は、他の雌の卵を世話している雄を見つけると、その卵をつぶしたり、池の中に落としたりします。そうして、前の雌の卵に対する世話を止めさせ、交尾をして、自分の卵の世話をさせます。雄にしてみれば、自分が交尾した雌の卵である限り、自分の子に変わりはないので、いったん、前の卵がつぶされてしまった以上は、新しい雌の卵を世話することになります。

同じようなことは、雄のみが卵の世話をする水生昆虫である、タガメでも見られています。農薬の影響で、最近、タガメが見られなくなってきたのは残念なことです。

他の雄を近づかせないために

スニーカーや雌のふりをする戦略とは、私たちの倫理感覚からすれば、「汚い」手です。また、可愛い赤ちゃんを殺す子殺しなど、言語道断の暴挙といえます。しかし、私たち人間の倫理感覚から動物のやっていることを非難するのは、あまりに人間中心主義というものでしょう。動物たちは私たちに倫理のお手本を示すために存在するのではなく、自然は私たちに美しき良きものだけを提供するのでもないのですから。

それはさておき、最後の瞬間に関係ない奴が飛び込んできたり、雌のふりをする雄にだまされたりと、いろいろなことがあるので、雄は少しも油断がなりません。とくに、体内受精する生物で、誰の精子が受精に使われるのかがはっきりと見えない種では、雄はたとえ配偶者を獲得しても、本当に自分の精子で確実に受精が行われるのかどうか、それを確認するのはたいへん困難なことです。

そこで、多くの動物では、いったん見つけた雌をしっかりと守り、他の雄を寄せつけないようにする、さまざまな配偶者防衛の方法が発達しました。

二匹のトンボがつながって飛んでいるのを見たことがありますか？　あれは雄と雌が一緒になって飛んでいるので、タンデム飛行と呼びます（図24）。どうやってつながっているのかを見ると、雄が雌の首のところをしっかりとつかんでいます。こうやって二匹は、どこへ行くのも一緒、というより、雌のいくところどこへでも雄は一緒についていくのです。

卵の準備ができる前から、受精、産卵までずっと、かなりの長期間にわたって、雄が雌をしっかりとつかまえているので、これはつまり、他の雄に横取りされないように雌を防衛しているのです。

このようにしっかり首根っこをつかまえておけば安心でしょうが、こうまでしなくても、アマツバメのように、ずっと雌にぴったりとついて、つねに雌の近くを飛んで防衛するものもあります。こういう場合には、雌が何の意味もなく、(たぶん気晴らしのためだけに) ふいに高く舞い上がったりするときでも、雄はぴったり付き添って飛びます。文字通り完全に雌に振り回されているように見えます。しかし、こうやって、他の雄を一切寄せつけないようにすれば、確実に自分の精子で受精ができるのですから、それさえできれば、雄にとっては、人間にどう思われようと構わないのでしょう。

先に紹介しましたアカシカも、闘争に勝った雄が数頭の雌からなるハーレムを所有します。「所有する」という言葉に表現されているとおり、この雄は、いったん獲得した雌たちを他の雄に取られないように、この雌たちと交尾するのが自分だけであるように、つねに注意をおこたりません。アカシカの雄自身は、特定の場所になわばりを持っているわけではありませんし、繁殖期が終わると雌から離れます。つまり、アカシカの雄が繁殖期に雌たちと一緒にいるのは、自分だけが確実に雌たちと交尾し、他の雄は入ってこないようにする、配偶者防衛なのです。

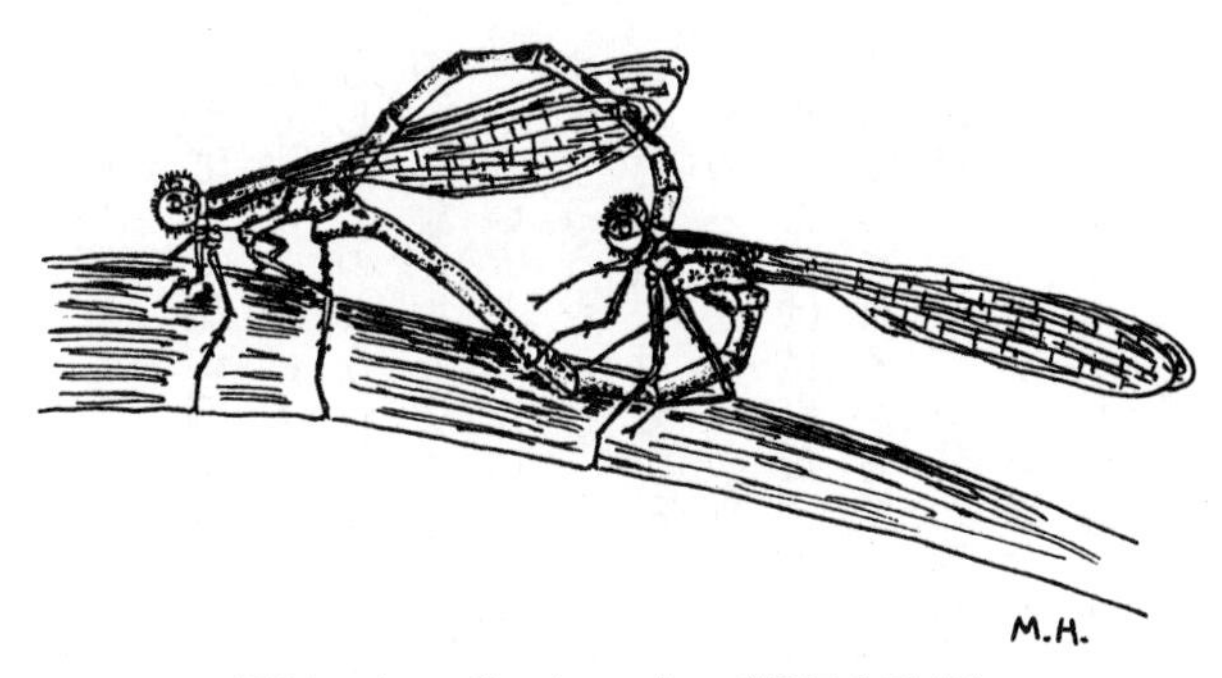


図24　トンボのタンデム（配偶者防衛）

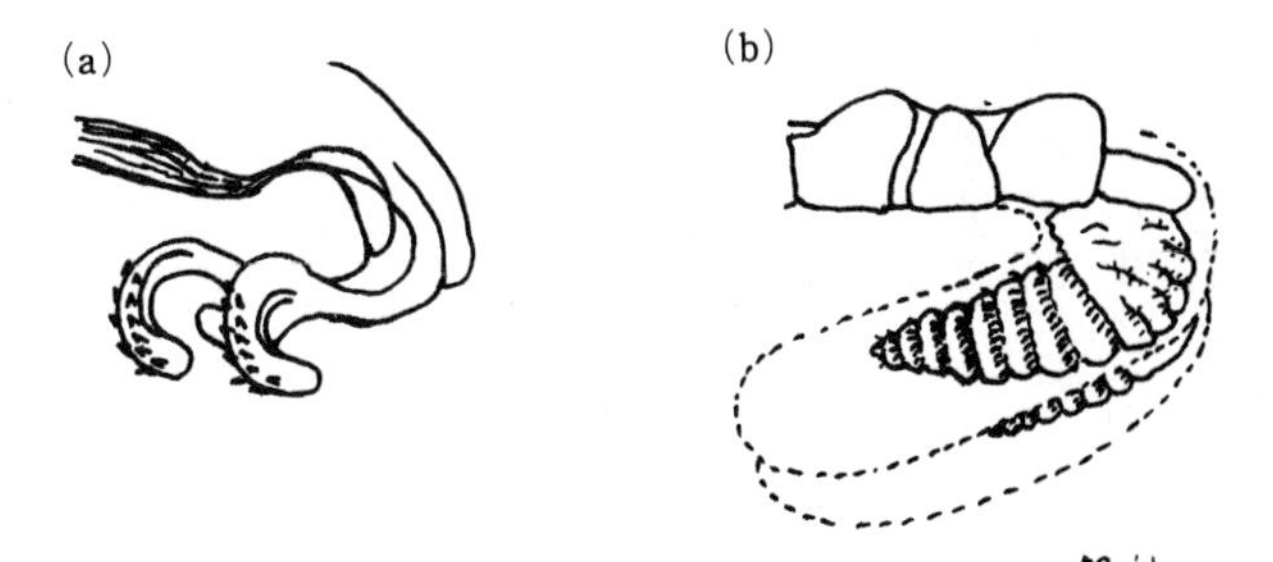


a）アオハダトンボのペニスの先端　２本のカギがついており、前の雄が残していった精子をかき出す。

b）トンボの１種 *Sympetrum rubicundilum* のペニスの先端。２つの突起がついており、雌の生殖管内にはいるとふくらみ、点線の部分の大きさになる。これによって、前の雄の精子を奥に押し込めてしまう。

図25　精子置換のための道具

## 他者の精子をかき出す

さて、上記の例では、雄が雌に文字通りくっついたり、雌とつねに行動をともにしたりすることによって、他の雄が交尾しに来ないように防衛していました。しかし、もしもそのようにして雌を防衛しきることが無理ならばどうなるでしょう？　雌はどのみち雄を振り切って逃げていき、複数の雄と交尾することになります。

そういうときには、一頭の雌の体内で、複数の雄からきた精子が混ざることになります。そうなると、どの雄の精子で卵が受精されるのかわかりにくくなります。こういった事態に対処する方法として、雄は、二種類の戦略を発達させました。

その一つは、前の雄が残していった精子をかき出して自分の精子と置き替える戦略です。これは昆虫類によく見られますが、それは、昆虫では精子が精包という袋につまって渡されるからです。袋に入っていれば、他の雄の物と自分の物とを区別するのは簡単ですし、液体と違って取り出すのも簡単です。

そこで、カワトンボなどの昆虫の雄の交接器の先には、他の雄が前に置いていった精包をかき出すための、特別なかぎがついています（図25）。これから交尾する雄は、まずこのかぎで雌のおなかの中をかき回し、前の雄が置いていった精包を捨ててから、自分の精包を渡すのです。

昆虫の場合は、精子が精包につつまれているので、精子置換を行うのは簡単ですが、精子置換は、鳥でも見られています。

ヨーロッパのどこにでもいるイケガキスズメは、一夫一妻、一夫多妻、一妻多夫、とさまざまな配偶システムを持っており、地味な外見に似合わず興味深い性生活を送っていることで有名です。イケガキスズメの雌は複数の雄と交尾することがあるので、一羽の雄が交尾をしようとしたときに、すでに雌の体内に別の雄の精子が入っていることがあります。そこで、雄は、雌の総排せつ孔をつっついて、前の雄の精子を吐き出させてから交尾します。

しかし哺乳類になると、もはやこのような方法はあまり効果がありません。精子は精液の中を泳いでいますから、吐き出させることはできず、一頭の雌が複数の雄と交尾すると、いずれはどの雄由来の精子も混じり合ってしまうことになります。

このような状況では、自分の精子で受精させるようにするにはどんな方策が有効でしょう？　いずれ混じり合ってしまうのですから、確実な方策はありません。すべては確率の問題となります。ですから、少しでもその確率を上げるしか手はなく、そのためには、自分が放出する精子の量を多くするのが最良の方法となります。このように、一頭の雌の体内で複数の雄からきた精子が混ざり合うことで生じる、どの精子が卵に到達するかの競争を、精子間競争と呼びます。

たとえば、ヒトの男性が一回に放出する精子の数はおよそ五億個といわれていますが、このように膨大な数の精子が卵へ向かって突進し、そのうちのたった一個が受精にあずかれるのです。どの精子が卵に到達するのかは、多分に確率の問題でしょう。そこで、相手が五億出すのならば、自分は八億出せば、合計一三億の精子の中からの一個が自分の精子である確率は一三分の八、相手が八億出すのならば、自分は一〇億出せば、合計一八億の精子のうちの一個が自分のものである確率は一八分の一〇で九分の五となり、多く出すほど、受精に使われる幸いな一個の精子が自分のものである確率が上がることになります。

精子間競争に勝つためには、交尾回数を多くし、しかも毎回なるべくたくさんの精子を放出せねばなりません。そのためには、雄は、精子を生産し蓄積しておく器官である精巣をうんと大きくする必要があります。そこで、哺乳類の中でも、雌が複数の雄と交尾し、精子間競争が激しい種では、そうでない種に比べて、からだの割に大きな精巣を持つことになります。

たとえば、ゴリラとチンパンジーを比べてみましょう。ゴリラの雄は体重が約二〇〇キロもあって、雌の三倍にもなります。それは、ゴリラが一夫多妻のハーレム社会だからで、ゴリラの雄は、そのようなハーレムを持つために、雄どうしで激しく闘わねばなりません。また、いったん手に入れたハーレムは、他の雄に取られないようにし、雌が他の雄と交尾しないように、配偶者防衛を行っています。だから、あんなにからだが大きいのです。

ところが、そのようにして大きなからだで配偶者防衛をしていますから、ハーレムの雌たちが交尾する相手は、その雄だけです。したがって、雌の体内で複数の雄からきた精子が混じり合うことはなく、精子間競争は起こりません。そういうわけでゴリラの雄は、あんなに大きなからだをしているのに、精巣は体重の〇・〇二パーセント、実際二つで三五グラムしかありません。

一方チンパンジーは、複数の雄と複数の雌が一緒に大きな群れを作っており、その中で非常な乱婚が行われています。つまり、雌は次々に別の雄と交尾し、雌の体内で複数の雄からきた精子が混じり合います。タンザニアのゴンベ国立公園に住んでいたフローという名前の雌が、一日にのべ五〇頭の雄と次々に交尾したのは有名な話です。

このように、チンパンジーでは、雄が特定の雌を配偶者防衛するということは（あるにはあるのですが）あまりなく、雄間の競争はほとんどが精子間競争となります。

図26　チンパンジーの16歳の雄の睾丸（タンザニア／長谷川寿一撮影）

そこでチンパンジーの雄は、体重は雌に比べて大きいことは大きいものの、ゴリラほどではないかわり、実に体重の〇・三パーセント、二つで一二〇グラムという相対的にも絶対的にも巨大な精巣を持っているのです（図26）。

雄の精巣の大きさと配偶システムとのこの関係は、広く霊長類一般に当てはまります。精巣はからだの一器官ですから、雄の体重そのものが大きくなれば、当然、精巣も大きくなります。ですから、いろいろ体格の異なる動物の精巣の大きさをそのまま比較しても意味がありません。そこで、体重による影響を取り除い

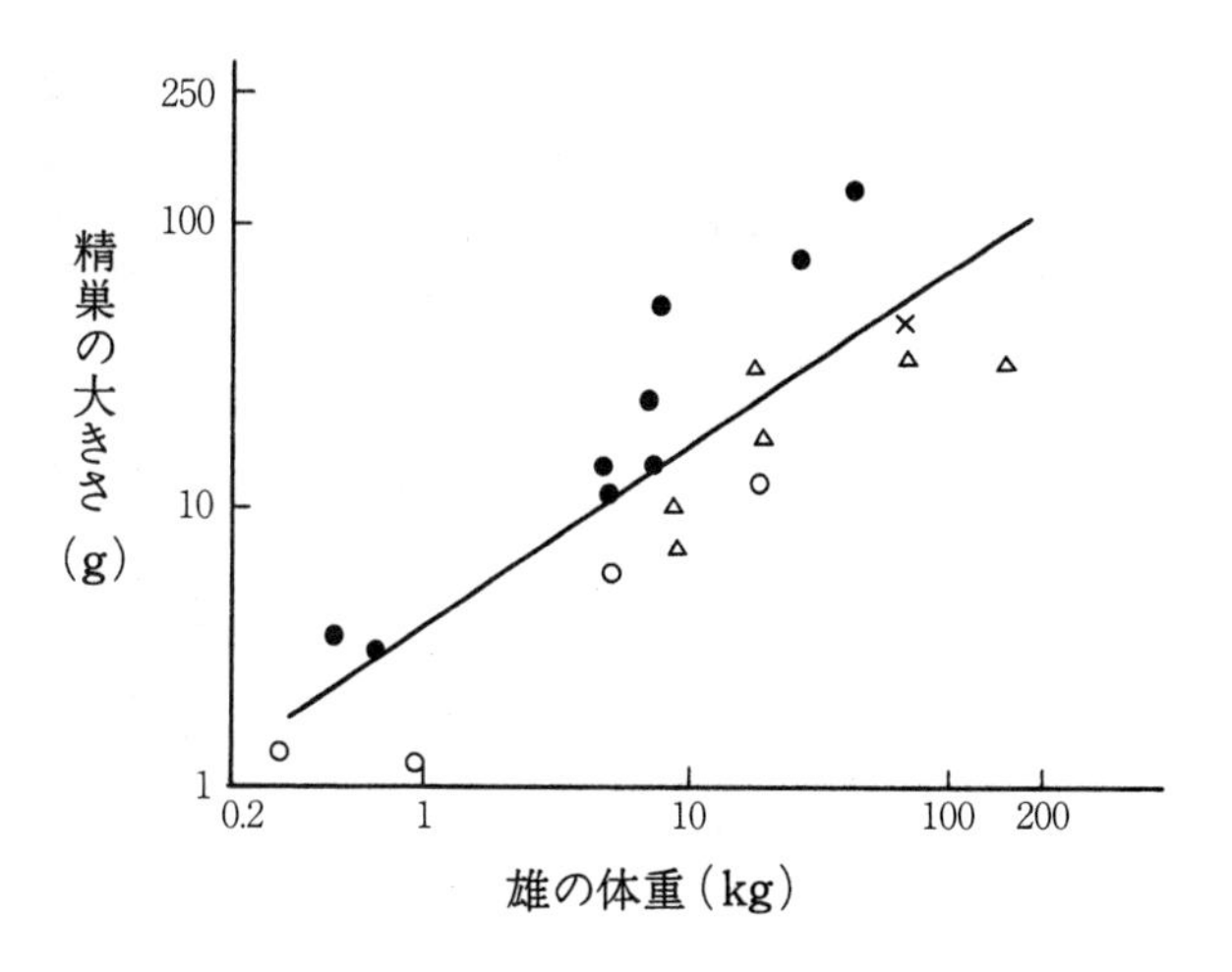


● …複雄複雌乱婚型の社会

○ …一夫一妻の社会

△ …ハーレム型一夫多妻の社会

× …ヒト

精巣の大きさは、雄の体重が増えるにつれて増加するので、体重と精巣の重さとの間には、図の回帰直線のような関係が存在する。乱婚型の社会（●）では、体重に比べて相対的に大きな精巣を持ち、一夫一妻の社会（○）やハーレム型一夫多妻の社会（△）では、体重に比べて相対的に小さな精巣を持つ。

図27　霊長類における精巣の大きさと配偶システムの関係

た上での精巣の大きさを比較してみると、配偶者防衛がきちんとできていて精子間競争がない種では、精巣はからだの割に小さく、精子間競争のある種では、精巣がからだの割に大きくなっています（図27）。

# 第8章 雌はどんな雄を選ぶか

前章では、配偶の機会をめぐる競争と、それに対処するためのさまざまな戦略を見てみました。先にも述べたとおり、配偶者の獲得をめぐる競争がどちらの性で強いかは、両性間の潜在的繁殖速度の違いで決まります。速度の速い方の性の個体は、遅い方の性の個体に比べていつも余っているのですから、速い方の性どうしが争うことになります。

たいていの場合、この速度の速い方の性は雄なので、ダーウィンが指摘したように、雌をめぐって雄どうしが争うのがよく見られることになります。さて、一方、繁殖速度の遅い方の性は相対的に数が少なく、たくさんの求婚者がくるわけですから、その中からどれにしようかと配偶者の選り好みをすることができるはずです。これが、ダーウィンの性淘汰の中の、二番目のシナリオ、配偶者の選り好みです。

本章では、配偶者の選り好みが実際にどのように行われているか、それはどうして進化するのか、について検討してみましょう。

ダーウィンは、同種に属していながら雄と雌では外見が非常に違うことがあるのを説明するために、性淘汰の理論を構築しました。そのとき着目したのが、クジャクの羽とかシカの角など、雄しか持っていない形質です。そして、シカの角など武器として使用されるものは、雄の獲得をめぐる雄間競争で使用されて発達したものと考えました。これは、わかりやすい説明でしたし、雄間競争の証拠は、当時からいくつでも挙げることができました。

しかし、クジャクの尾羽はどうでしょう？　これはとても武器とは思われません。このような「ぜいたくな」飾りや美しい色は、雄間競争の結果できたとは考えにくいでしょう。武器でないなら、どうしてこんなものが発達してきたのでしょうか？　そこでダーウィンの考えた第二のシナリオが、「雌がそのような美しい雄を好むから」というものでした。

ところが、雌による選り好みの証拠を挙げるのはたいへん難しいことです。雌がなみいる雄たちをながめ回し、中で一番美しい雄を選んでいるのだと自然状態で示すにはどうしたらよいでしょうか？　事実、ダーウィンは、雌による選り好みの具体的な証拠はいっさいなしに、この議論を進めたのでした。

雌による選り好みの理論は最初から人気がありませんでした。その理由はいくつかありますが、最大の理由はなんといっても証拠がないことでした。実際、雌による選り好みの証拠が示されるまでには、ダーウィンの理論の発表から一〇〇年待たねばならなかったのです。しかも、それを示すには、巧妙な実験をせねばなりませんでした。

## 雌の選り好みの証明

一九八二年にスウェーデンの学者が、今では古典的になってしまった、有名な実験を行いました。東アフリカの草原には、コクホウジャクと呼ばれる鳥が住んでいます。スズメのようにイネ科植物の実などを食べている鳥ですが、この鳥の雄と雌の外見は非常に異なります（図28）。雄は全身真っ黒で、首の横に赤い部分があり、しかも、繁殖期になると尾羽の一部がどんどん伸びて、五〇センチメートルほどにもなります。一方雌はまさにスズメのようで、目だたない黒と茶色のまだらをしています。

コクホウジャクは鳥の中では珍しく一夫多妻で、雄は子の世話をしません。そして性的二型が大きく、雄は、闘いの役には立ちそうもない長い尾羽を持っています。そこでスウェーデンのマルテ・アンデルソンは、雄の尾羽は、ダーウィンのいう雌の選り好みで進化してきたのではないかと考えたのでした。

そこでアンデルソンは、繁殖期の雄をたくさんつかまえると、人工的に雄の尾羽の長さを変えてみました。そうしてもとのなわばりに放し、このようなことをする前と

図28　コクホウジャクの雄

後とで、その雄とつがいになりにやってくる雌の数を比べてみたのです。もしも雌たちが、雄の尾の長さに着目して配偶者を選んでいるのならば、人工的に尾を長くしてもらった雄の「魅力」は、人工的に尾を短くされた雄の「魅力」よりも、実験後にはずっと上昇するはずです。

このような実験をするに当たっては、実験そのものがもたらした影響を考慮に入れねばなりません。そこでアンデルソンは、次のような四つのグループを作りました。第一のグループは、さきに述べたように、雄の尾をはさみで一四センチほどに切り落とし、切った尾羽から三センチ分だけは、もとに戻して接着剤でつけます。第二のグループは、手をつけない長いままの尾に、第一のグループから切り取った尾の残りを接着剤で貼りつけます。第三のグループは、尾をまん中で切って、すぐにまた接着剤でつけ直します。第四のグループは、つかまえるだけで、尾には何も細工をしないでおきます。第三と第四のグループが、実験の影響を見るためのコントロールです。

このようにして、この四グループの雄たちを、それぞれのなわばりに戻しました。それから一時間以内に、各雄のなわばりの中に巣を作って卵を産んでいる雌の数を数えます。その数は、図29の上段に示したように、どのグループでもほとんど同じでした。つまり、実験前のそれぞれの雄の魅力は、どのグループでも平等であったと思われます。

それから一カ月後の繁殖期の終わりまで、各雄のなわばりを監視し、人工的な尾の操作をほどこしたあとに、各雄のなわばり内にやってきて交尾し、巣を作った雌の数を数えます。その結果は、図29の下段に示したように、尾を長くしてもらった雄の「相対的魅力」が、他に比べてずっと増大したのでした。

この実験によって初めて、雌が雄の形質の一つ（この場合は尾の長さ）に着目して

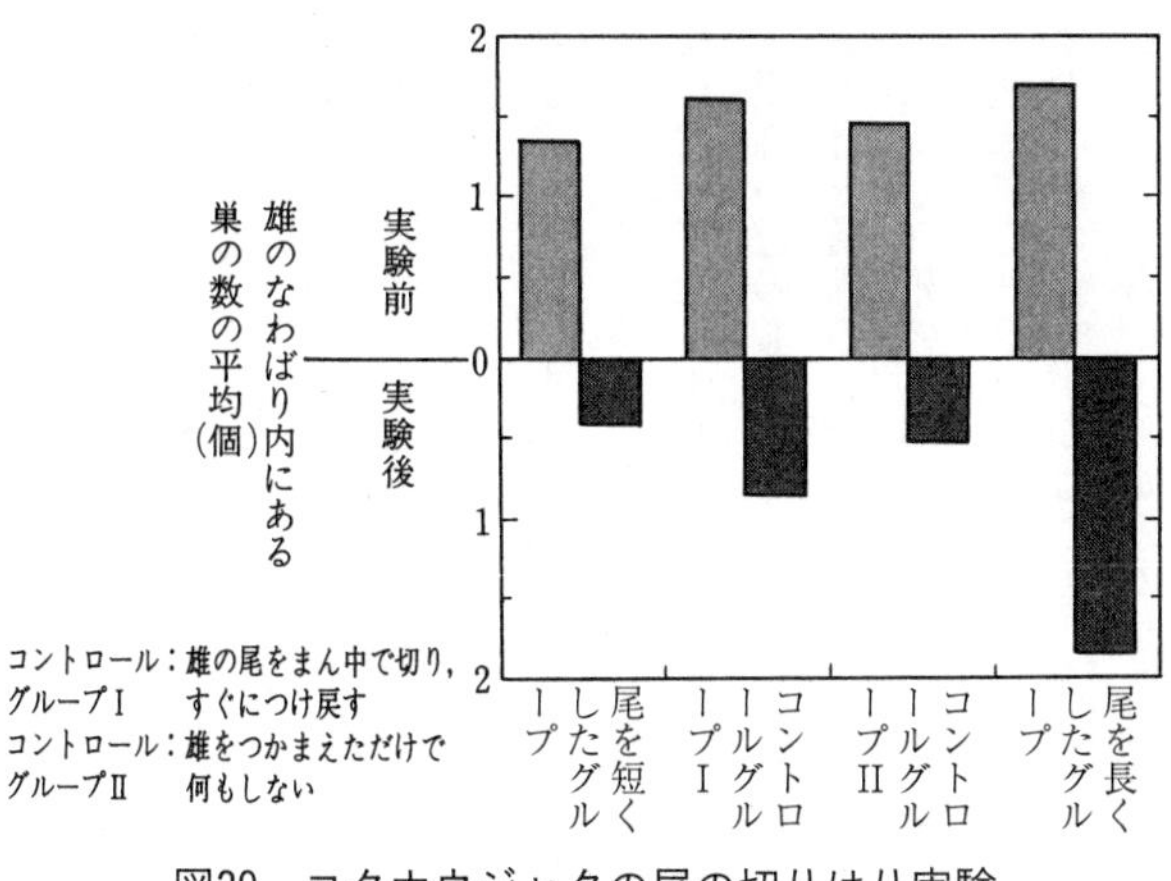


図29　コクホウジャクの尾の切りはり実験

配偶者を選んでいることが、事実であることが示されました。コクホウジャクの雌は、配偶者を選ぶにあたって雄の尾の長さに着目し、より尾の長い雄と配偶しようとしているのです。ですから、尾の長い雄ほど、多くの雌から選ばれたのでしょう。

## クジャクの雌は雄の何を選んでいるのか？

　雌による選り好みの話のそもそもの始まりとなったクジャクについてはどうでしょう？　ダーウィンを悩ませたクジャクの尾羽ですが、いまだに決着がついていません。クジャクの雄の長くて美しい尾羽は、雌の選り好みによって進化しただろうとは考えられるのですが、その決定的な証拠はありません。イギリスのホイップスネイド自然公園に放し飼いされているクジャクを研究したマリオン・ペトリによると、クジャクの雌は、雄の広げた羽についている目玉模様の数で雄を選び、目玉模様の多い雄ほど雌によく選ばれていたのでした。

クジャクの雄たちは、それぞれが直径九メートルほどの求愛なわばりを作り、そこで求愛の踊りをおどるのですが、なわばりどうしは比較的密集しているので、隣りの雄がよく見えます。ペトリの研究によると、雌は、二羽から七羽、平均三羽の雄を訪ね歩き、各雄の求愛の踊りをじっくり見てから、さて、誰を配偶者にするか決めるようです。決める前に雌が訪ねた雄たち全部の特徴を記録し、最後に配偶者として選ばれた雄の特徴と比較してみたところ、雌はつねに、自分が訪ね歩いた雄たちの中で目玉模様の数のもっとも多い雄を、最後に配偶者として選んでいたのです。その結果、雄の目玉模様の数が多くなるほど、交尾相手の雌の数も増えていたのでした（図30）。

しかし、雄の尾羽の目玉模様の数といえば、一四〇個以上もあるのです。それをどうやって、一四七個か一五〇個かなどとわかるのでしょうか？　実際、不思議な事ですが、雄の体重、つばさの長さ、足の長さなど他の特徴は、目玉模様の数とは関係がなく、それらが選り好みの基準になっていることはありません。

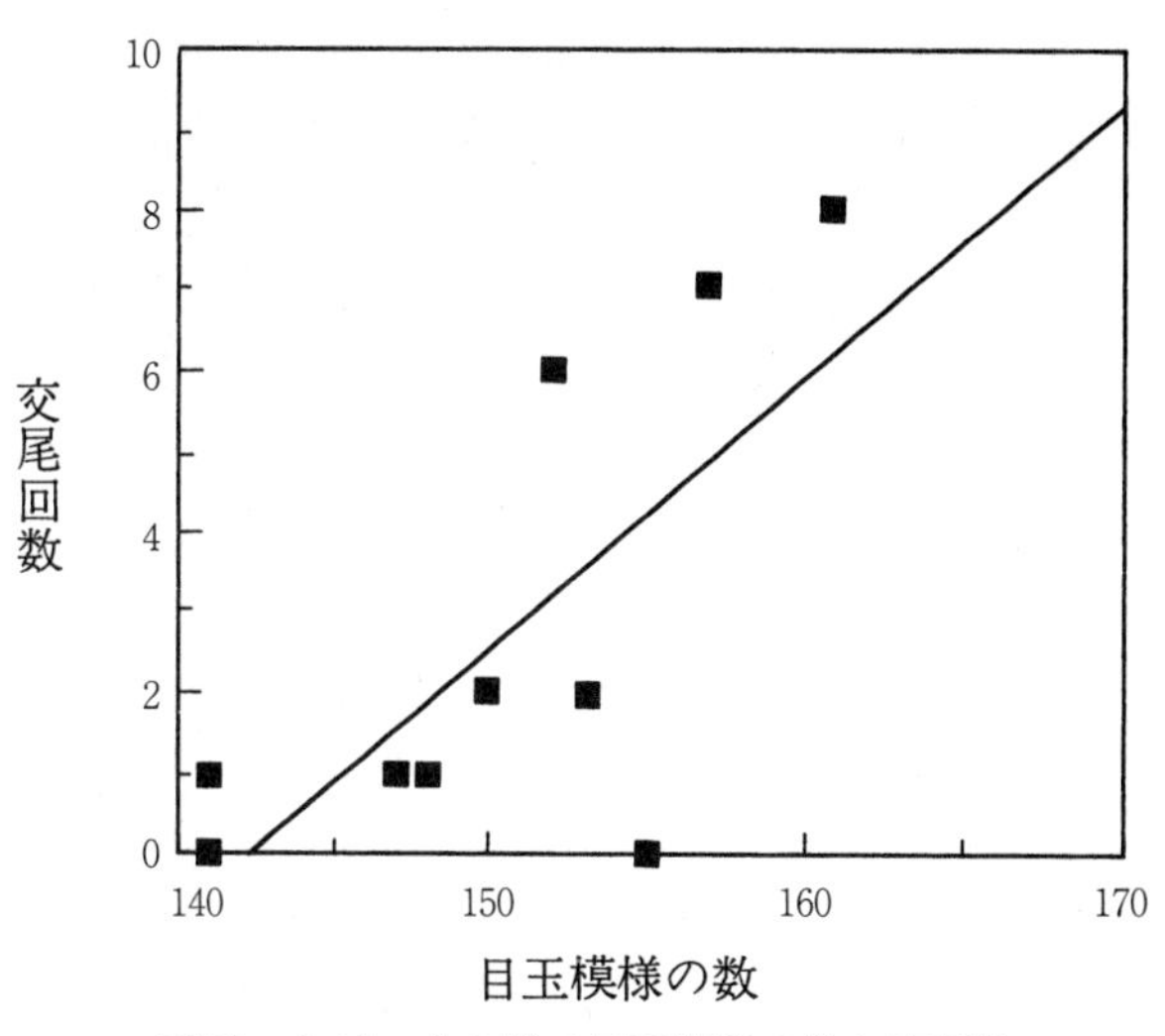

図30　クジャクの雄の目玉模様の数と交尾数

そこで私たちは、伊豆のシャボテン公園に放し飼いにされているクジャクの集団で、一〇年以上に渡って配偶行動を観察し、雌による選り好みを研究してみました。そうして調べたところ、目玉模様の数によって雌が配偶相手を選んでいるという証拠はまったく得られませんでした。そして、雌は、何羽もの雄を訪ね歩いて最終的に誰と配偶するかを決めているのではなく、配偶することに決めた日には、どうやら、決めた雄のところにまっしぐらに行っているようでした。クジャクに関する私たちの研究の話は、またあとでしましょう。

一九八二年のアンデルソンの実験以来、雌による配偶者の選り好みは、行動生態学の話題として爆発的な人気を得るようになりました。数ある行動生態学関係の雑誌にも、ほとんど毎号のように配偶者の選り好みの研究が報告されているくらいです。一九九二年の夏にプリンストン大学で開かれた第四回国際行動生態学会でも、発表の大半は、配偶者選び、性淘汰関係のものでした。雌による配偶者選びの証拠は、以後、次々に挙げられ、いまやその存在に疑う余地はありません。その中からいくつかを選んで紹介しましょう。

### 大きな餌に対する選り好み

アメリカ東部の林や草原に住むツマグロガガンボモドキは、捕食性の昆虫で、他の虫をつかまえて食べます。この虫の雄も雌も、餌をつかまえる能力は同等にあるのですが、雌は、雄の密度が低いとき以外はめったに自分では狩りをしません。それはなぜかというと、雌と交尾しに来る雄たちが、みな、彼女に餌のプレゼントを持ってくるからです。

求愛のための餌をつかまえた雄は、前足で餌を触りまわし、十分大きいとなると、どこかの枝にぶらさがって、雌を呼ぶフェロモンを出します。それに引き寄せられて雄がやってくると、雄は、餌のプレゼントを差し出し、雌がそれを食べている間に交尾します。交尾は平均二三分続き、交尾の最後に、雄は、雌の体内に精子以外の分泌物を注入して雌の発情を終了させます。このあと雌はもう、他の雄を探しにはいかなくなり、約四時間後に産卵します。産卵後しばらくすると、雌はまた雄を探しにでかけ、次の産卵の準備をします。これを一日中くり返すのです。

さて雌は、どんなプレゼントを持ってくる雄とも交尾するわけではありません。雄のフェロモンに引き寄せられてやってきた雌は、差し出されたプレゼントを前足で触りまわしてよく吟味します。そして、それがテントウムシのようなまずい虫であったり、およそ一六平方ミリメートル以下の小さい虫であったりすると、即座に、または少し食べただけで交尾を断わって立ち去ります。雄はなんとかプレゼントを受け取ってもらおうと雌に押しつけるのですが、雌は受けつけません。

こうして雌は、一六平方ミリ以上の大きさのある、おいしい虫を持ってくる雄に出会うまで選り好みを続けるのです。途中で少しだけかじってみた餌の総量がどれほどになろうと、十分大きくておいしい虫を持ってくる雄に出会うまで待ちます。そして最後にそういう雄に出会うと、平均二三分の交尾が行われ、その後に発情停止物質のやり取りが行われます。

雌がこのような選り好みをすることにはどんな意味があるのでしょうか？　もらって食べた餌の量が多くなるほど、そのあとで雌が生産する卵の数が多くなります。また、雌自身の生存率も上がります。したがって、大きな餌をもらって食べるほど、雌自身の繁殖成功度が上がります。

それでは、どんな大きさの雄のプレゼントでも、みんなありがたくいただいて少しずつ交尾すれば、それでも結果は同じになるのではないでしょうか？　それがそうはなりません。というのは、そんなことをしているとやたらに時間がかかるからです。

雄は、雌が食べている間に交尾をするのですが、交尾時間が長くなるほど、多くの精子を雌に送り込むことができます。そして雄が受精に十分な量の精子を送り込むのに必要な時間は二三分なのです。餌が小さいと雌は早く食べ終わってしまい、途中で交接器をはずさねばならず、十分な精子を送り込むことができなくなります。一六平方ミリ以上ある餌ですと、雌が食べ終わるまでに二〇分以上かかるので、雄が仕事を終えるのに十分な時間をとることができます。

さて、一六平方ミリ以上ある餌であれば、その一回で交尾は完了し、すぐに雌は産卵の準備にかかれます。しかし、小さな餌であった場合には、中途半端に時間をかけて交尾しても十分な精子がもらえませんから、また次の雄を待つことになります。そんなことを繰り返していると非常に時間がかかるでしょう。だいたい、雄の密度が高いときには、次の雄というものはすぐに見つかるので、中途半端な交尾にいちいち時間をかけるよりも、小さい餌はすべてさっさと拒否して、大きな餌をもって来る雄を見つけ、一回で交尾を済ませた方が、雌の繁殖速度が速くなるのです。

このような雌の選り好みのために、雄は大きな餌を見つけるよう、たいへんな努力をせねばなりません。自分の食べる分プラス雌へのプレゼントを探さねばならないのですから、一時間の飛行距離が雌の二倍、クモの巣に引っかかって死ぬ確率が雌の三倍にもなります。これはたいへんな仕事ですので、雄の方も、正直に大きな餌を探しにいくばかりでなく、よその雄の見つけた大きな餌を強奪する者、大きな餌を持って雌を呼んでいる雄に雌のふりをして近づき、餌を奪って逃げる者などが出現します。ほんの数日しか生きない、はかない虫の一生の間には、こんなドラマが隠されているのです。

## 庭つき一戸建てを作るアズマヤドリ

パプア・ニューギニアやオーストラリアに住んでいる、ニワシドリ（庭師鳥）とかアズマヤドリと呼ばれる鳥がいます。彼らは、名前のとおり、きれいな庭を作ったり瀟洒なあずまやを作ったりするのです。ジャングルの一隅をきれいに掃除し、そこに枝や木の葉、石などをきちんと積み上げ、あたかも人が作ったかのような立派な構築物を作ります。そしてさらに、そこを、いろいろな色の花びら、木の葉、貝殻、カタツムリの殻、ヘビの抜け殻、チョウの羽、果ては近くの村からひろってきた歯ブラシ、空きカン、ボタン、ビニール袋などで飾ります。青い色が好きな鳥は全体に青い物を多く置き、赤い色が好きな鳥は全体に赤い色の物を集めるなど、カラーコーディネイトもなかなかのものです。これは、雄が求愛のためだけに作る舞台装置なのであり、彼らがここに住むわけではありません。

ニワシドリの仲間にはいろいろな種類があり、作るあずまやや庭の形もさまざまですが、その中の、アオアズマヤドリの求愛と雌による選り好みを調べてみましょう。

この鳥の雄は、まず、林床に木の枝を二列に並べて立て、塀のようなものを作ります。二列の塀は一〇センチほど離れ、その間におよそ三〇センチの長さの廊下ができます。それから雄は、まわりを掃除し、そこにチョウやセミの羽、他の鳥の羽、花びら、葉、カタツムリの殻などを持ってきて飾りつけをします。それがすむと、自分のあずまやの前で誇らしげに大声で鳴きます。

雌がやってくると、雄はあずまやを飛び越してみせたり、飾りをくちばしで指し示したりし、雌の気をひきます。雌はあずまやを眺めまわし、中に入ってみて、気にいると交尾をします。交尾後、雌は立ち去って、一人で巣を作って卵を産み、雄の助力なしに独力でヒナを育てます。一方、雄はといえば、手の込んだあずまやだけで家造りは十分らしく、自分自身のためには寝ぐららしい寝ぐらも作りません。

この雄たちの交尾回数を調べたところ、一シーズンに三〇回以上も交尾できる雄から、一回しか交尾できないものまで、非常にばらつきが大きいことがわかりました。それはどういう理由によるのでしょう？

そこでアメリカの研究者のボルジアらは、似たようなあずまやを持っている雄どうし二羽を選んで一組にし、このようなペアを一一組作りました。そして、一組の方の雄のあずまやからは、毎日、雄が留守にしているすきに黄色い葉三枚を残して飾りを全部取り除いてしまいました。もう一組の方は、雄のいないときにあずまやを訪ねるだけで、飾りには何も手をつけないでおきます。

こうして、各雄のその後の交尾回数を調べたところ、観察された一五回の交尾のうちの一二回までが、飾りを取られなかった方の雄によるもので、飾りを取られた方の雄による交尾は、たった三回しかありませんでした。つまり、あずまやに置いてある飾りの量や質は、雌を引きつける道具として非常に重要なものだったのです。

そこで、あずまやの飾りに何も手をつけないで雄たちを観察し、彼らの交尾回数とあずまやのいろいろな特徴とを比較したところ、カタツムリの殻と青い色の羽と黄色い葉が多いほど、そのあずまやの持ち主は、よく雌に選ばれることがわかったのです。雌は、何羽かの雄のあずまやを訪れ、まず、あずまやをよく見せてもらって、このような飾りの数が多ければ交尾相手として受け入れているのです。

では、カタツムリの殻や青い羽が置いてあることには、どんな意味があるのでしょう? このような飾りは、なかなか見つけることのできない貴重品です。それで、雄たちはこれらの貴重品を探すために非常な苦労をするわけです。しかし、もうみなさんも想像がついておられると思いますが、当然、そんな貴重なものは、正直に探してくるだけではなく、よその雄から盗んでくるのです。

そうなると、あずまやの中にたくさんの貴重品が置いてあるということは、その雄が自分でそのような貴重品を探してくる能力があるか、または、そのような貴重品をよそから盗んできて、なおかつ他の雄には盗まれないで家に置いておくことができるという能力があることを示しているといえるでしょう。

けんかに強い雄、すなわち、ある地域の雄の間で順位の高い雄は、自分のあずまやから飾りを盗まれる率が低く、雌は、飾りがしょっちゅう盗まれる雄とは交尾したがらないことがわかりました。あずまやに置いてある飾りを調べ、貴重品をたくさん持っている雄を選ぶことにすれば、雌は、結局順位の高い雄を選ぶことになりそうです。しかし、順位の高い雄は何が優れているのか、飾りを盗まれないことは、なにを意味しているのかは、もっと調べてみないとわかりません。

### 選り好みはなぜ進化するか

雌による配偶者の選り好みの例は、このほかにもたくさんありますが、ここではこのくらいにしておきましょう。

これで、ダーウィンの考えたとおり、雌が実際に配偶者の選り好みをしていることがわかりました。また、その選り好みは、尾の長さとか、持ってくる餌の大きさとか、あずまやの飾りつけとかの特徴であり、雌がそのような特徴に目をつけて選り好みをする結果、雄の間に、このような特徴が進化することになったというのも、ダーウィンの考えたとおりだったといえます。

しかし、現代の進化生物学で考えて、このような選り好みがなぜ進化するのかは、とても一筋縄ではいかない、難しいことです。これは、現在でも、研究者の間でとても活発な議論が行われているところです。何がそんなに難しいのか、少し検討してみましょう。

まず、ツマグロガガンボモドキの場合を思いだして下さい。この種では、雌は、雄が持ってくるプレゼントの餌を食べて栄養にし、その間に精子をもらって自分の繁殖を成し遂げます。雄の中には、大きな餌を持ってくる者もあれば、小さな餌しか持ってこない者もあります。そこで雌がもらう餌の大きさが大きいほど、そのあとの雌の繁殖成功度は高くなりました。つまり、雄が持ってくる餌の大きさと、雌のそのときの繁殖成功度との間に密接な関係があるわけです。こんなときには、雌が大きな餌を持ってくる雄を選り好みするのは当然といえます。このような場合には、選り好みが進化することについて何も疑問はありません。

では、コクホウジャクやアズマヤドリなどの方に目を向けてみましょう。これらの種では、雄が雌に対して別に何も提供するわけではなく、子育ての手伝いをするわけでもなく、繁殖に際して雄から雌に渡されるものは精子のみです。それでも雌は選り好みをするのですが、いったいなにを選り好みしているのでしょう？　選り好みというものは、相手の資質になんらかの個体差があるからこそ選り好みするのです。このことに関しては、二つの仮説が考えられています。

## 優良遺伝子仮説

　このような場合に、雌が雄からもらうものは精子だけなのですから、その精子に入っているもの、すなわち遺伝子が問題なのではないかと、まずは考えられます。雄の遺伝子になんらかの問題に関する優劣があり、雌は優良な遺伝子を選り好みしているのだと考えるわけですから、これを優良遺伝子仮説と呼ぶことにしましょう。

　これは一見、単純明快に思えますが、実はこれが実際に成り立つためには、いろいろな条件が満たされている必要があります。まず、①雄の中には、生存に関して有利な優良な遺伝子を持ったものから、さして優良でない遺伝子を持ったものまで、いろいろな優良度の雄がつねに混在していないといけません。次に、②そのような雄の遺伝子の優良度が、尾の長さ、あずまやの飾りの数などの、はた目にも明らかな量的な性質と正しく相関していなければいけません。また、③雌が選り好みした優良な遺伝子は、子にちゃんと伝えられねばなりません。④最後に、雌があれこれと選り好みをすることに伴うなんらかのコストが、選り好みをすることによって得られる利益よりも小さくなければいけません。

　これらの事項に関しては、これまでさまざまな実験とシミュレーションによる計算がなされてきました。結論からいうと、優良遺伝子仮説が成り立つ可能性はあると思われます。

①の、遺伝的優良度の違う雄が集団中に混在することですが、これをもたらす機構として最近の有力な候補は、病原菌を含めたあらゆるタイプの寄生者です。第1章の有性生殖の起源のところでも話に出てきましたが、寄生者（パラサイト）というものは、なかなかやっかいで、想像以上に生物の生活にいろいろな影響を与えているようです。

昨今の新型コロナウイルスのさまざまな株を見てもおわかりの通り、パラサイトというものは宿主よりも生活史の速度が速いので、進化速度も速くなります。ですから、つねに新しい種類の寄生者が出現してくる可能性があり、これで終わりということがありません。そうすると、宿主となる生物の方でもつねに対応策をおこたらず、対処していかねばなりません。

そこで、このような寄生者に対する耐性の強さが、雄ごとに違うことは十分考えられます。そうすると、耐性の強い雄ほど元気がよいことになりますから、その余分な元気を使って、尾を長くしたり、けんかに強くなって飾りを盗んだりすることができるようになるでしょう。そうなると、優良な遺伝子と雄の形質とには、正しい相関が出てくるでしょう。

## ランナウェイ仮説

以上の優良遺伝子仮説とは、少し意味あいの異なるもう一つの仮説があります。それは、歴史的には優良遺伝子仮説よりも古く、一九三〇年代に遺伝学者のロナルド・フィッシャーによって提出されました。第4章でお話しした、あの性比の理論を最初に提出したのと同じ人物です。

フィッシャーは、次のようなシナリオを考えました。昔々、ある種の鳥がいて、その鳥では、みんなよりも尾が少しだけ長い雄は、それだけ優良な遺伝子を持っていて、生存率が高かったとします。そこに、尾の長い雄を好んで配偶者にするという遺伝子を持った雌が出現したとします。すると、尾の長い雄を配偶者として選ぶ雌の子どもは、父親のよい遺伝子をもらって、他の子どもよりも生存率が高くなるでしょう。また、その子どもが娘である場合は、母親の好みを踏襲して、自分も尾の長い雄を配偶者にするでしょう。

そうすると、尾の長い息子と、尾の長い雄を好む娘とは繁栄し、雄の尾はますます長くなっていくでしょう。

ところが、ある程度の時間がたって、尾の長い雄と、尾の長い雄を好む雌の数とが集団中に増えてくると、だんだん初めのシナリオとは違う事態が生じてきます。すなわち、尾の長い雄はたくさんの雌に選ばれ、たくさんの子どもを残しますから、「尾の長い雄を好む」という雌の孫の数が増えます。すると、いつからか、本当に尾の長い雄の生存率が高いかどうかなどは問題にならなくなって、ただただ、「尾の長い雄は雌にもてる」という理由だけで、雄の尾はどんどん延び続けていきます。

つまりこれは、「雄の尾を長くする遺伝子」と「長い尾の雄を好む遺伝子」とが一緒にヒッチハイクすることによって、雪だるま式に雄の尾が長くなっていくのであり、尾が長いと本当に生存率が高いかどうかとは関係がないのです。その関係が本当にあったのは、始まりのころだけです。これを、いったん走りだしたら止まらないシステムという意味で、ランナウェイ仮説と呼びます。こうして雄の尾はえんえんと延びていきますが、無限に延びるわけではなく、いよいよ存在の重荷に耐えられなくなったところで止まることになるはずです。

さて、ランナウェイは働くのでしょうか？　長い尾や美しい羽の色、さえずり声など、自然界に見られる雄の派手な特徴は、ランナウェイで生じたのでしょうか？　これも、最近、さんざん議論されてきました。

結論としては、ランナウェイが働く可能性は大いにあり、それを示唆する研究例もないことはないが、まだはっきりしないとでもいうところでしょうか？

熱帯魚のグッピーは雄の体色が非常に美しく、また、大きな尾びれを持っています。グッピーは胎生ですから、雄は子の世話をしません。そこで、グッピーの雌による雄の選り好みと、雄の美しさの度合との関係がよく調べられています。これまでの実験では、雌は、オレンジ色のスポットの大きい雄や、大きな尾びれで派手な求愛のダンスをする雄を好むことが知られています。

さて、トリニダードのいろいろな川に住んでいるグッピーの集団を調べてみたところ、雄の体色の派手さには、川ごとに違いがあることがわかりました。その理由は、グッピーを食べる捕食魚がどれくらいいるのかと関係がありました。つまり、雄の派手な体色は、雌を引きつけると同時に捕食者も引きつけてしまうのです。そこで、グッピーを食べる魚が多い川では、雄は、それほど派手にはなれないようです。そして、違う川出身の雄と雌を組み合わせ、雌に雄を選んでもらう実験をしたところ、雄の体色の派手な集団では、雌も派手好みですが、雄の体色の地味なところでは、雌も地味な雄を好むことがわかりました。

このことは、ランナウェイ過程を示しているのかもしれません。「雄の派手さ」と

「雌の派手好み」という二つの性質が、集団内で合致しているからです。そして、捕食者が少ないと雄はますます派手になれるのですから、チェック機構が働かない限り、えんえんと雄が派手になっていくことを示唆しています。

ここに紹介した優良遺伝子仮説も、ランナウェイ仮説も、雌が雄の形質の一つに着目するのは、配偶者選びの場面で、いろいろな雄を比べて選り好みするためと考えています。しかしながら、尾の長さや美しい色など、雄の形質の一つに雌が目をつけるそもそもの始まりは、選り好みとは直接は関係のないところにあった可能性が指摘されています。

感覚便乗仮説

尾の長さなどに目をつけて雄を選ぶ雌は、「尾の長さ」という視覚信号に反応しているわけです。雄の求愛の鳴き声に引き寄せられる雌も、「求愛の声」という音の信号に反応しています。そこで、選り好みの進化は、信号とその受容器の進化という点から見ることもできます。

雌は、配偶者選びばかりして暮らしているわけではありません。雌の関心事の中には、餌を見つけること、捕食者から逃れること、よい住みかを探すことなど、配偶とは関係のないこともいろいろあります。そこで、たとえば、空中を飛んでいる虫をつかまえて餌にしている動物を考えてみましょう。そうすると、そういう雌の感覚は、うまく餌を見つけられるようにするために、「横にすーっと飛んでいく」ものに対しては、とくに鋭敏に反応するようにできているかもしれません。もしそうだとすると、たまたまある雄が、「横にすーっと飛んでいく」という動作をすると、そういう雄は、雌から見てよく目だつことになるでしょう。そこで、そのような動作を求愛行動にとりいれた雄は、よく雌の目にとまるために、雌から選ばれやすくなるかもしれません。そうすると、やがて、そういう求愛行動が集団中に広まっていくでしょう。

この説は、本来は配偶者選びとは関係のないところで発達した雌の感覚のバイアスを、雄が利用し、そんな雌の感覚に便乗して求愛行動とする、というわけで、「感覚便乗仮説」と呼ばれています。この仮説を裏づけるような観察は、カエルの仲間、グッピーと近縁な熱帯魚のソードテイル、シオマネキの仲間、トカゲの仲間などで得られています。グッピーにしても、そもそもなぜ雌はオレンジ色に注目するのかというと、川の水面に落ちてくる果実を食べるため、オレンジ色のものには魅かれやすいのだという説があります。

餌を見つけることにせよ、捕食者から逃れることにせよ、雌の感覚が、ある信号刺激に対して鋭敏に反応するようにできている場合、そのような信号が強調されていればいるほど、雌は鋭敏に反応します。そこで、感覚便乗が始まると、雄は、ますます自分の出す信号を強調させていくはずです。

もしこれが、より長い尾の雄を選んだり、より美しい色の雄を選んだりすることの始まりであったのならば、尾の長い雄が、尾の短い雄よりも優れた遺伝子を持っていたりすることはないわけです。それは、ただ、よく雌の目にとまるというだけのことになります。

このほかにも、雌が自分と同種の雄を見分けるために使っている信号刺激が、徐々に誇張されていった、ということも考えられます。たとえば、同じ地域に住んでいる二種の鳥がいて、この二種は、雄の尾の長さが少し異なるだけだったとします。その鳥の雌の感覚器は、自分と同種の雄（尾の長い方の雄）を見分けるために、尾の長い鳥に鋭敏に反応するようになっているでしょう。そこで、雌の感覚器が、より尾の長い雄に対してより強く反応するようになっていれば、尾の長い種類の雄のあいだでも、とくに尾の長い雄が、配偶者としてよく選ばれるようになるでしょう。そういうことで、この鳥の雄の尾は、どんどん長くなるかもしれません。

優良遺伝子仮説や、ランナウェイ仮説の始まりの部分では、雌に選ばれる雄には、なにかとくに生存上優れた点があることを仮定していました。しかし、感覚便乗仮説は、そんな利点がなにもなくても、信号の受容器の特性と誇張された信号の発信という観点から、選り好みが進化する可能性を示唆しています。

このあたりは、配偶者選びの問題というよりは、信号の進化の問題として、今後の研究の発展が楽しみなところです。

## 雄による雌の選り好み

配偶者の選り好みがどのようなシナリオで進化してきたのか、本当のところはまだ解決がついていません。しかし、それがなんであれ、選り好みというものが存在することは事実です。ここまでは、雌による雄の選り好みと、その結果として雄の間に発達してきた派手な飾りなどについて見てきました。

配偶者を求めて同性どうしで争わねばならない方の性には、配偶相手にあれこれとうるさいことをいう余裕はありません。黙っていてもたくさんの求婚者がやってくるようなときにだけ、選り好みは可能です。

また、こうして集まってきた多くの潜在的配偶者たちの間で、配偶者としての資質にかなりの個体差があると、選り好みが起こるわけです。誰もが横並びで、資質に大差がないならば、わざわざ時間と労力をかけて選り好みしてみても、結果として得るところが少なく、選り好みの意味がなくなってしまいます。

第7章、第8章でお話ししたように、多くの動物では、雄どうしは配偶者を求めて闘わねばなりませんから、雄が雌を選り好みする余裕はあまりなく、うるさい選り好みをあれこれ主張するのは、雌ということになります。また、雌からみれば、餌を持ってくる能力、色の派手さ、歌声の美しさなどの点で、確かに雄どうしの間には個体差があるので、選り好みをする意味があるのでした。

そこで、この関係が逆転すれば、つまり、雌が雌どうしで配偶者をめぐって争い、なおかつ雌の間にかなりな個体差があるような動物では、逆に、雄が雌を選り好みするのが見られるようになります。

通常、雄にとっては交尾すること自体にほとんどなんのコストもありませんし、たいていの雌は同じように繁殖力があるので、雄が雌をあえて選り好みすることはあまり見られません。しかし、あえて雄が雌を選り好みすることもあるので、そのような例を見てみることにしましょう。

よく知られている例は、モルモンコオロギと呼ばれる、モルモン教とはなんの関係もなく、コオロギでもないウマオイムシの仲間の昆虫でしょう。この虫の雄は、精子とともに、栄養に満ちたたいへん大きな精包を雌に渡し、雌は、交尾のあとにこの精包をむしゃむしゃと食べて力をつけます。精包はたいへん大きいので、一つが雄の体重の四分の一にも達します。

そこで、いったんこんな大きなものを雌に渡してしまうと、次のものを準備するまでには長い時間がかかります。そうなると、雄が一生のあいだにそう何度も交尾をすることはできなくなりますから、当然ながら、一つ一つの精包を大事に、効率よく使おうとするようになるでしょう。

モルモンコオロギは、イナゴなどと同様、ときどき大発生をして農作物を食いつくしつつ、大群となってそこで交尾します。こんな状況では、雄は、多くの潜在的配偶者と苦もなく出会うことができます。

交尾可能のシグナルを出した雄のところに雌がやってくると、雌が雄の背中の上にのります。ところが、そこで交尾になるときもありますが、雄が、背中にのった雌との交尾を拒否することもあるのです。

そこで、カナダの研究者のダリル・グウィンが調べたところ、交尾を拒否された雌は、交尾ができた雌よりも有意に小さく、少ない数の卵しか持っていなかったことがわかりました。すなわち、交尾ができた雌は、平均四八個の卵を持っていたのに対し、交尾を拒否された雌は、平均三〇個の卵しか持っていなかったのです。

雄はたいへん貴重な精包を雌に渡し、それを一回使ってしまうと次の精包を準備するまでに長い時間がかかります。つまり、あまり軽々しく使ってしまってはいけません。おまけに、交尾しにやってくる雌たちのあいだで、持っている卵の数に大きな個体差があれば、雄は、雌の繁殖能力を吟味し、一度の交尾でなるべくたくさんの卵に受精させられるように選り好みすることになるでしょう。

赤、青、黄色の美しい雄、長い尾や頭飾りを持った雄、求愛のための手の込んだ技を見せる雄などなど、雄のいろいろな派手な飾りや奇妙な習性などは、雌が雄の形質を選り好みすることによって進化してきたとダーウィンは考えたのでした。この考えは一〇〇年以上もまともにはとり上げられず、一九八〇年代前半までも、これは擬人的な考え方でその証拠はないと、事典にまで書かれていたくらいです。

しかし今では、多くの実験によって、それが基本的に正しかったことが証明されました。また、繁殖をめぐる競争関係が逆転すれば、雄が雌を選り好みすることもわかりました。問題は、選り好みが進化する機構ですが、かつてない勢いで研究が進められています。また、雌は無限の可能性の中から雄を選べるわけではなく、自分が出あえる範囲の雄の中から、短い繁殖可能期間中に決めるわけです。そんな制限要因がどのように働いているのかなど、近い将来にもっと多くのことがわかってくるでしょう。

# 第9章　雌雄から男女へ

ここまでに、性のそもそもの起源から始まって、雌雄同体、性転換など奇妙な性を持つ動物たちの暮らし、そして、雌雄異体になったあと必然的に生じる、配偶者の獲得をめぐる競争と選り好み、それらの行動と親による子の世話との関係などについて見てきました。ところで、このような動物たちの性をめぐる進化生物学的知識は、私たち人間について何を教えてくれるのでしょうか？　動物たちのさまざまな繁殖戦略は、たいへんおもしろいものですが、私たち自身について考えるにあたって、このような知識はなんらかの役に立つのでしょうか？

ここからは、ヒトの性と繁殖にまつわる問題のいくつかを検討してみたいと思います。しかし、ヒトの性は実に複雑な現象で、生物学的のみならず、社会的、文化的、心理的なさまざまの側面を持った複雑な現象です。だからこそ、性の問題、男女の問題は永遠の芸術的テーマなのです。

もちろん、ここでは、このように複雑なヒトの性に関する問題のすべてを扱うつもりはありません。しかし、せっかくここまで眺めてきた生物の性に関するいくつもの発見があるのですから、そこから、私たち自身に関してどんなことが学べるのか、私たち自身を進化生物学的に眺めると、どのような新しい視点がもたらされるのかについて、少し論じてみたいと思います。

まず、明らかな点を挙げてみると、ヒトは雌雄異体の生物ですから、繁殖にあたっては、男は女を、女は男を見つけねばなりません。また、ヒトは哺乳類ですから、女性が子どもに授乳します。つまり必ず雌による子の世話があります。そして、世界中の人類集団で、文化にかかわらず、特定の男と特定の女との間に強い絆、つまりペア・ボンドがあります。ＬＧＢＴＱの人たちの間にも、このような特定の個人と個人との間のペア・ボンドがあります。だからこそ、同性婚を認めよという強い要望がでてくるのです。

もう一つ、ヒトの繁殖に関しての大事な点は、ヒトが共同繁殖の動物であることです。ヒトは哺乳類なので、母親が子に授乳するのは確かですが、それだけで子育てが完了することはありません。ヒトの子どもの成長には長い時間を要し、その間に多くの事柄を教えていかねばなりません。そんな長期にわたる大変な子育てを母親だけで担うことは不可能です。それを言えば、両親だけで担うことも不可能なので、ヒトは、血縁者も非血縁者も含めて多くの人たちが子育てにかかわる、共同繁殖なのです。

このようなヒトの繁殖様式ですが、ヒトの潜在的繁殖速度は、男女どちらが速いのでしょう？　女性は妊娠、出産、授乳を行いますし、ヒトの子どもは離乳後もたいへん手のかかる生き物ですから、女性の「子に対する投資」は絶大です。その間、男性は、共同繁殖ではあっても、授乳といった肉体的な負担はないので、事実上、次の繁殖にすぐ取りかかることができます。そこで、男性どうしの間には、配偶の機会をめぐる競争がある程度は存在するだろうという予測が成り立ちます。

では、ヒトという生物は、いったいどのような配偶システムを持っているとみなしたらよいのでしょう？　世界中にさまざまな民族があり、結婚形態は、法的にも宗教的にも規制されていますが、ヒト全体をひっくるめた一つのパターンというものを抽出することはできるでしょうか？

文化人類学者のジョージ・マードックが行った有名な統計があります。マードックは、世界中の八四九の民族社会を調べましたが、その一六パーセントが一夫一妻で、一夫多妻が全体の八三パーセント、一妻多夫はたった〇・五パーセントでした（図31）。こうなると、人類は圧倒的に一夫多妻ということになります。しかし、これには注意すべき点があります。ここで一夫多妻として挙げられているのは、それが制度として許されていたり奨励されたりしている社会の数であり、実際にその社会の二〇

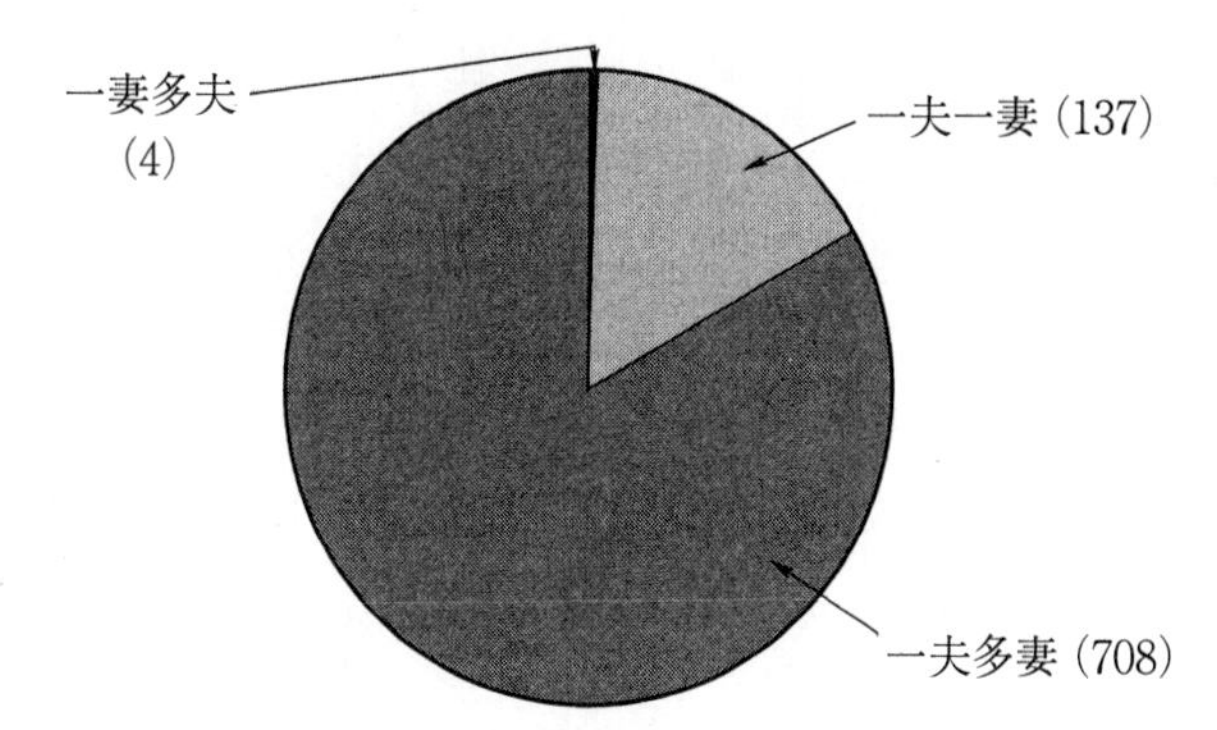


一夫多妻が多いが、この中で、男性の20％以上が一夫多妻を実現している社会は、約1/3にすぎない。

図31　世界の849の民族社会における結婚形態

| 種 | 最大生涯繁殖成功度 | | 性的二型 |
|---|---|---|---|
| | 雄 | 雌 | 雄／雌 |
| ミナミゾウアザラシ | 100 | 8 | 7.0 |
| アカシカ | 24 | 14 | 1.8 |
| ミツユビカモメ | 26 | 28 | 1.0 |
| ヒレアシシギ | ? | ? | 0.8 |
| チンパンジー | 10 ? | 4 ? | 1.3 |
| ヒト | 888 | 69 | 1.05-1.2 |

表４　雌雄の最大生涯繁殖成功度と性的二型

パーセント以上の男性が一夫多妻を実行している社会は、この中のおよそ三分の一しかありませんでした。こうなると、人類の男性の中で、本当に一夫多妻を実行している人はそれほど多くはないことになります。

そうすると、ヒトは、生物として全体的にひっくるめると、一夫一妻からゆるやかな一夫多妻ということになりそうです。

性的二型が示す繁殖様式

次に、からだの大きさに現れた性的二型から、配偶の機会をめぐる競争関係を見てみましょう。表4は、いろいろな動物の雄と雌の、これまでに記録された最大生涯繁殖成功度、その動物の配偶システム、そしてからだの大きさの性的二型を示したものです。雄と雌とが一緒になって一匹の子どもができるのですから、集団全体から見ると、雄の生涯繁殖成功度の平均は、雌の生涯繁殖成功度の平均と等しくならねばなりません。しかし、一頭一頭の個体を見ると、一生のあいだまったく繁殖できなかったものから、非常にたくさん繁殖を行ったものまで、いろいろあります。

そこで、もっとも多く繁殖した個体の繁殖成功度を両性の間で比べてみると、どんなことがわかるでしょうか？　一方の性でもっとも成功した個体の繁殖成功度が、他方の性のそれよりもずっと大きいと、それは、その最大繁殖成功度の大きい方の性で、繁殖をめぐる不平等、競争が非常に激しいことを示しています。たくさんの雌を独り占めにする個体がいるということは、その一方で何も取れなかった個体がたくさんいるということを示しているのですから。

さて、ミナミゾウアザラシでは、雄の最大繁殖成功度はなんと一〇〇頭ですが、雌のそれはたかだか八頭です。第4章、第7章でお話ししたように、ゾウアザラシの雄たちはものすごい闘いを繰り広げ、勝った雄が多くの雌たちを独占するハーレム型の一夫多妻システムを持っています。おまけに雄はいっさい子の世話をしないのですから、一番成功した雄は一生の間に一〇〇頭もの子どもを残すことができるのです。その一方で、まったく繁殖できずに終わってしまう雄がたくさんいるということになります。しかし、そのための肉体的闘争はすごいもので、雄は、そのような闘争に備えるため、極端に大きなからだを作らねばならなくなりました。そこで、雄と雌のからだの大きさを比較してみると、雄は雌の七倍もの大きなからだを持っています。

スコットランドのアカシカでは、雄の最大生涯繁殖成功度は二四頭、雌のそれは一四頭です。アカシカも、ゾウアザラシと同じくハーレム型の一夫多妻ですが、ゾウアザラシほど極端ではありません。また、雄による子の世話もありません。そこで、ハ

図32　巣作りするミツユビカモメの雄（スコットランド／著者撮影）

ーレム獲得をめぐる雄間の肉体的闘いが激しく、それを反映して、雄の体重は雌のそれの一・八倍になっています。

それに対して、たとえばミツユビカモメ（図32）はどうでしょうか？　このカモメでは雄も子の世話を分担し、一生の間一夫一妻を続けます。そこで、雄と雌の最大生涯繁殖成功度はほとんど等しくなります。それは当然でしょう。また、みなが一夫一妻で暮らすのならば、配偶者の獲得をめぐる個体間の肉体的闘争もほとんどなくなりますから、雄がずば抜けて大きな図体をする必要もありません。それで、ミツユビカモメの雄と雌の体格は、ほとんど同じになっています。

今度はヒレアシシギを見てみましょう。ヒレアシシギは、雄が子育てのいっさいを引き受け、雌の繁殖速度の方が速いので雌どうしで配偶者の獲得をめぐって闘う種です。そうなると、配偶者をめぐる競争は雌間で激しく、雄がけんかをしなくてはいけないので、体格は雌の方が雄よりも大きくなっています。ヒレアシシギの雌雄の最大繁殖成功度は、残念ながらわかっていません。

では、チンパンジーではどうでしょうか。雄の生涯繁殖成功度に関しては、まだ正確なデータがありませんのであくまで推測ですが、もっとも成功した雄は、生涯に一〇頭ぐらいの子は残すのではないかと思われます。雌のそれは、いまのところたった四頭です。それでは、やはりチンパンジーでも配偶者をめぐる競争は、雄間で非常に厳しいのでしょうか？　ところが、チンパンジーの雄と雌のからだの大きさを比べてみると、雄は雌の一・三倍程度で、雄が極端に大きいわけではありません。これはどうしたことでしょう？

チンパンジーの社会は乱婚です。第7章でお話ししたように、雌がいろいろな雄と次から次と交尾する乱婚社会では、配偶者の獲得自体はそれほど困難ではありません。しかし、そのあとの精子間競争が激しくなります。ゾウアザラシのように、肉体的闘争で雌を獲得し、あとは自分の精子だけで受精させるのではなく、肉体的闘争はそれほど激しくなくて、精子間競争を闘うのです。そこで、チンパンジーの雄の体格はそれほど大きくはなく、そのかわり、彼らは巨大な精巣を持っているのです。

以上のことから、雄と雌のからだの大きさの違いは、繁殖をめぐる競争の強さやその様相をよく反映しているということがわかります。

八八八人の子の父

さて、いよいよ私たちヒトに関する記録を見てみましょう。なにやら信じ難い数字が並んでいます。これまでに記録された男性の最大生涯繁殖成功度は八八八人、女性のそれはなんと六九人だそうです。『ギネス・ブック』によると、女性の方はウクライナの人で、一八歳から三八歳まで、双子、三つ子を次々と産み続けたのだそうで、聞くだけでくたびれてしまいます。男性の方は、モロッコの王様の「血に飢えたるスレイマン」とか呼ばれた人で、きっとゾウアザラシのように馬鹿でかいハーレムをかかえていたに違いありません。この数字から判断すると、ヒトの男性どうしの間には、配偶者の獲得をめぐるたいへん厳しい競争があるかのように思われます。

では、ヒトの男女のからだの大きさの性的二型を見てみましょう。どこの民族、文化でも男性の方が女性よりも体格が大きくなっています。どれほど大きいかは、民族、時代によっていくらか変動しますが、それでもおよそ一・〇五倍から一・二倍といったところでしょう。どうころんでも、ゾウアザラシの七倍やアカシカの一・八倍まではいきません。つまり、ヒトのからだの大きさの性的二型は、『ギネス・ブック』に現れた記録のみから予測されるよりも、ずっとゆるやかな競争関係を示していると考えられます。さきのマードックの統計でも、ヒト全体として見れば、一夫一妻からゆるやかな一夫多妻、という配偶システムを持っていることがわかっています。ヒトのからだの大きさの性的二型は、こちらの概括の方が真実に近いことを示しているようです。ヒトがホモ・サピエンスとして進化してきた、ここ三〇万年ほどの歴史の中では、ヒトは、肉体的な闘争で大きなハーレムを獲得していく極端な一夫多妻型の動物ではなかったと考えてよいでしょう。

それでは、なぜ一人で八八八人もの子どもの父親になれる男性がいるのでしょう？これが一般的なことだと思う人は誰もいないはずです。第一、ヒトの子どもは、ゾウアザラシのように母親だけの世話では育たないのですから、男性が八八八人も次から次へと子どもを作っていくためには、何か特別なことがあるに違いないのです。

## 男は女よりも多くの性交渉相手を欲しがるか？

では、『ギネス・ブック』のような極端な記録を離れて、いくつかの民族の記録を調べてみましょう。カラハリ砂漠に住むクン・サンと呼ばれる人たちは、狩猟採集生活をして暮らしてきました。もっとも最近は、外の文明との接触によってこのような生活様式も劇的に変わってしまいましたが。

彼らはゆるやかな一夫多妻の配偶システムを持っています。男性の生涯繁殖成功度の平均は二・〇四人、分散は九・二七、子どもをもっとも多く残した人は一二人残しましたが、子どもを一人も残せなかった男性が全体の六二パーセントもいました。一方、女性の平均は二・一四人、分散は六・五二で、子どもをもっとも多く残した人は九人残しましたが、子どもを一人も残せなかった人は全体の五二パーセントでした。両方の平均が一致していないのは、実際のデータではなくて計算された期待値だからです。

アマゾンの森林に住むシャバンテ・インディアンを見てみましょう。彼らは、アマゾンのジャングルの中で、狩猟採集を行うとともに、小規模な焼き畑農耕を営んで暮らしています。こちらは、クンよりははっきりした一夫多妻の配偶システムを持っています。両性の生涯繁殖成功度の平均は三・六人、男性の分散は一二・一で、最高は二三人、全体の六パーセントの人が子どもを一人も残せませんでした。一方、女性の方の分散は三・九、最高は八人、子どもを一人も残せなかった人はたった〇・五パーセントでした。

近代文明以後の人類が行ってきた、極端に人工的な生活ではなく、もっと自然に密着した暮らしをしている人々に関するこれらのデータは、ヒトでも基本的に、ベイトマンがショウジョウバエで発見したこと（第5章参照）と同じことが当てはまっていることを示しています。女性の繁殖速度は、自らが子を妊娠、出産、授乳する速度によって規定されますが、男性は、もしも異なる相手の女性を見つけることができさえすれば、女性よりも多くの子どもを持つことができます。そうして、配偶の機会をめぐる競争が男性の間に生じることから、子どもを一人も残せない人の割合は、男性の方が女性よりも高くなり、繁殖成功度の個体間でのばらつきも、男性の方が大きくなります。

多くの文明国では、結婚形態、それも一夫一妻の結婚形態が法的に決められています。そうなると、男性の最大繁殖成功度と女性のそれとはぴったり一致することになります。それでは、一夫一妻の法的制限があれば、男女は実際にその通りに行動しているのでしょうか？　それとも、これはあくまでも表向きの話であって、実際に人々がやっていることとは違うのでしょうか？　いくつかの統計を調べてみましょう。

アメリカの中年の中産階級の夫婦に、結婚外の性交渉を持ったことがあるかどうか尋ねたところ、男性の二〇パーセントがあると答えたのに対し、女性ではあると答えた人は、半分の一〇パーセントでした。また、将来そのような交渉を持ちたいと思うかという質問に対しては、男性の四八パーセントが持ちたいと答えたのに対して、女性でそう答えた人は五パーセントしかありませんでした。

同じく、ドイツの労働者階級の若者に、決まった恋人以外の相手と性交渉を持ったことがあるかを尋ねたところ、男性の四六パーセントがあると答えたのに対し、女性は、あると答えた人は六パーセントしかありませんでした。

この二つの調査の数字は驚くほど一致しています。このことは、ヒトという生物が、本来、一夫多妻的傾向を持っていて、たとえ法律で婚姻形態を規制してもぬぐいされない、ヒトの生物学的特徴を示しているのでしょうか？　しかし、この二つの調査は、国や年齢が違うとはいえ、基本的には同じような西欧文明の人々です。男性の浮気が男性の力の一つの表れと見られているためかもしれませんし、女性はたとえ浮気をしていてもそのようなことを正直にいわないような社会的圧力があるからかもしれません。つまり、同じような文化的背景の中で暮らしている人たちの間では、同じような反応が引き起こされるでしょうから、異なる調査で同じような結果が出たから、それは、ヒトという生物の特徴だとすぐに結論するわけにはいかないのです。

そこで、徹底的な男女平等教育で有名な、イスラエルのキブツの青年たちを対象にした調査を見てみましょう。

キブツでは何から何まで平等で共同作業が行われ、兵役も男女一緒です。また、避妊用具も簡単に手に入り、性教育も早くから行われています。このように、男女の価値観もそれほど違わないはずの教育をしている社会の青年たちに、結婚外の性交渉を持ちたいかという質問をしたところ、やはり男性の四〇パーセントが持ちたいと答えたのに対し、女性でそう答えたのは一〇パーセントだったのです。

こうしてみると、世界的に見て一夫多妻の実現率は決して高くはないものの、複数の女性と性交渉を持ちたいという願望は、ヒトの男性の中にかなり広く見られる傾向といってよいでしょうか？　これらの意識調査のほかにも、売春、ポルノの存在などいろいろな性風俗は、この傾向を反映しているのかもしれません。

### 精巣の大きさ

最後にヒトにおける精子間競争の強さについて一言。ヒトの精子間競争はどのくらいの強度で存在するのでしょう？　これについて具体的なデータはありません。ただし、ヒトの男性の精巣の大きさそれ自体が、ある程度のことを物語っています。

ヒトの男性の精巣の大きさは、民族によってかなりの差がありますが、平均して二五から五〇グラム、体重の〇・〇四から〇・〇八パーセントになります。表5をご覧いただければおわかりのとおり、これはチンパンジーに次ぐ巨大な値で、それに伴い、一回の精子放出量もゴリラの五倍になっています。このことは、何を意味しているのでしょうか？　少なくともヒトがヒトとして進化してきた、ここ三〇万年ほどの歴史では、かなりの強さの精子間競争が存在したことを示していると考えられることになります。

この精子間競争は、ヒトの歴史においてどのような状況で生じていたのでしょう？　ヒトはチンパンジーのように乱婚だったのでしょうか？　それは考えにくいと思います。というのは、記録のある限りの人間社会で強固なペア・ボンドが存在し、チンパンジーのような乱婚があたりまえであるような社会はないからです。それから、次章

| 種 | 精巣の大きさ（グラム） | （体重に対する％） | 1回の射精中の精子数（$\times 10^7$） |
|---|---|---|---|
| チンパンジー | 120 | 0.3 | 60 |
| ゴリラ | 35 | 0.02 | 5 |
| オランウータン | 35 | 0.05 | 7 |
| ヒト | 25-50 | 0.04-0.08 | 25 |

表5　ヒトと類人猿の精子生産

でも取り上げるように、ヒトの子どもの世話には手がかかるので、女性が一人で子育てをすることはできません。

乱婚でないとすると、それはどんな状況でしょう？　精子間競争は、雌の生殖器官の内部で、複数の雄に由来する精子どうしが受精の競争をするのですから、乱婚でないならば、それはきっと婚外交渉だと考えられます。特定の男性と女性のあいだの社会的結びつきとは別に、性交渉が持たれる頻度がかなり高いということでしょう。ヒトの歴史上、婚外交渉がながらく重要な働きをしてきたのか、現在でも実際にしばしば精子間競争の状況があるのか、くわしいことはよくわかりません。いずれにせよ、ヒトの精巣の大きさは、ヒトの精子間競争がかなり強いことを示しているといえます。

# 第10章　ヒトの婚姻システム

母だけでは子育てができない

前章では、ヒトの結婚形態や、婚外交渉、一夫多妻的傾向などについていろいろな資料を調べてきました。これらは、ヒトの行動の生物学的な側面であるにはありますが、ヒトの行動は動物の行動と同じではありません。ヒトの行動は、文化の所産でもあります。今度は、ヒトが持っている生物としての特殊性を検討し、それをふまえつつ、ヒトの婚姻に関わる制度や社会的慣習などのさまざまな現象がなぜ生じてくるのか、その原因について考えてみることにしましょう。

ヒトは直立二足歩行することでヒトになりました。それは、おそらく六〇〇万年ほど前に始まったようですが、木登りをすっかりあきらめ、頭をからだのてっぺんに置いて、まっすぐに立って草原をてくてく歩くということを始めたのは、およそ二〇〇万年前からです。そのころから、ヒトの脳はどんどん大きくなっていきました（図33）。

ところが、直立二足歩行をすると、四足で歩いていたころと違って産道が曲がり、お産に無理がかかります。それに加えて、脳容量がどんどん増加したので、生まれる

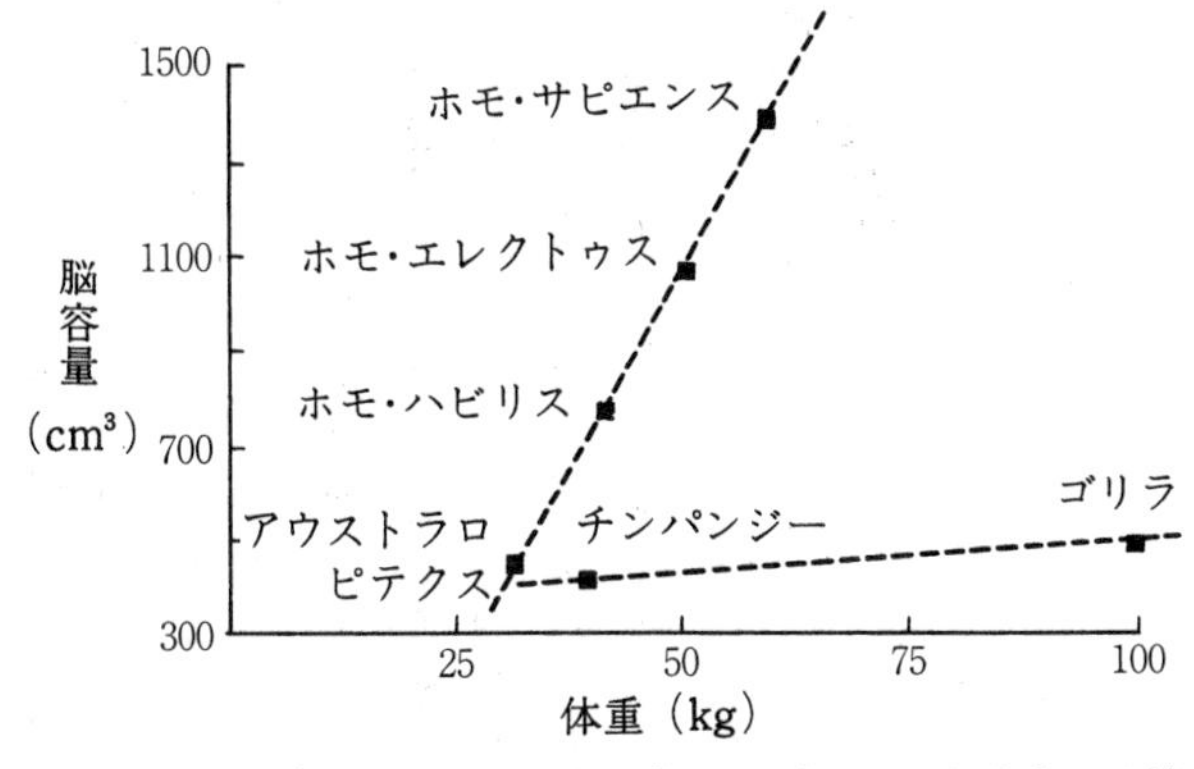


アウストラロピテクス、ホモ・ハビリス、ホモ・エレクトゥスは化石人類、ホモ・サピエンスは現生人類。
ヒトの系統は急速に脳容量を増加させてきた。他の類人猿（チンパンジー、ゴリラ）と比較。

図33　ヒトの系統における脳容量の進化

子どもの頭も大きくなりましたから、ますますヒトは難産になっていきました。チンパンジーやゴリラがお産で死ぬことはほとんどありませんが、近代医学が発達する前は、ヒトの女性はよくお産で死んだものです。

さらに、生まれてきた子どもはまったく頼りなく、一人で母親のからだにつかまることすらできません。おまけに授乳期間が長く、やっと離乳が終わったとしても、とてもすぐに一人立ちできるものではありません。現代の社会では、子どもが二〇歳になるまで親が子どものめんどうを見るのが普通に行われていますが、いくらヒトの寿命が長いとはいえ、二〇年間も一人立ちしない動物というのは、少し異常です。

難産になったことと、子育てに非常な労力がかかることの二つは、ヒトの生物学的特徴といえます。ところが、この二つの特徴はともに、ヒトの女性が単独で子育てをしていくことを不可能にしました。子どもを育てている間も、女性は、まず自分自身を支えていかねばなりませんから、女性が単独で自分の生活を支え、なおかつ子どもも育てていくことは、不可能となるでしょう。地理的、歴史的にさまざまな民族を眺めてみても、母親だけが単独で子育てをするのが普遍的な社会は一つもありません。

単独で子育てが不可能ならば、ヒトの女性は誰かから助力を得なければなりません。そのとき助力を得る候補となる源泉が二種類あります。一つは、子どもの父親であり性のパートナーである男性で、もう一つは、女性の両親、兄弟姉妹、親類などの家族、拡大家族のメンバーです。

## 男女の不平等化

実際、世界の諸民族を見渡すと、女性は子育ておよび生活全体の助力を、性のパートナーである男性と、自分自身の家族との両方に求めています。しかし、どちらにどれだけ多くを求めるかには、社会によって違いがあります。その違いは何で決まるのでしょう？　それは、繁殖のため、ひいては人々の生活全般のために必要不可欠な資源を、誰が実際に管理しているのかによります。

生産の手段、財産、生産活動に関わる意志決定などが男性の手に集中し、男性によって管理されている社会では、女性は、自分の性のパートナーである男性に、子育ての助力のほとんどを求めることになります。昔の日本でも、嫁にいったあとは二度と実家の敷居をまたぐな、などという言葉がありましたが、これなどは、女性自身の家族からの援助はゼロに等しいと思え、という状況を示しているでしょう。

たとえば、中央アジアのトルクメンでヤギやヒツジの遊牧生活をしているヨムート族では、生産手段であるヤギやヒツジの遊牧に関するほとんどの事項が男性の手に握られています。この土地で遊牧を行う仕事は、長くきつい労働で、事実上、女性には無理といわれています。男性も、一人で仕事をするのではなく、父親、息子、兄弟間に強い絆があり協力して仕事をします。

この社会では、女性が自らまともな暮らしをし、子どもを育てていくためにはしっかりした夫を見つけることしかありません。生活の基盤はヤギとヒツジであり、それらはすべて男性の手中にあるのですから。そうなると、女性は夫の支配下におかれることになり、自らの権力はほとんどなく、夫以外の恋人を持つことなどとんでもないこととなります。

一方、たとえばオーストラリア原住民のティウィ族は、狩猟、採集の暮らしをしています。そして、世界中の狩猟採集民と同じく、男性は動物の狩猟、女性は植物性食物の採集という性的分業を行っています。ところが、狩猟という仕事はきわめて予測性が低いので、男性が食物を持って帰ってくるかどうかは、あてになりません。そんなあてにならない食料に頼って生活するわけにはいきませんから、ティウィの人々の生活は、基本的に、女性たちが毎日確実に集めてくる植物食でまかなわれています。

そんな生活ですから、当然、母親を中心とする家の女性のネットワークは、かなり重要な存在となります。女性はもちろん結婚して夫を持ち、子どもを持つことになり、夫の援助も受けますが、女性にとって一番重要なのは夫の助力ではなくて、自分の出自の家族の女性たちの助力となります。夫というものはあまり権力がなく、女性が自分の夫以外の恋人をキープしておくのが、しばしば見られます。

生活に必要な大事な資源を誰が管理するかは、何で決まるのでしょう？　単純な要因で決まることではありませんが、狩猟、採集、農耕、牧畜、工業化社会など、その民族の主要な生産手段の性質と、その仕事によって実際に必要な資源を収穫してくるのが誰かによります。しかし、富の蓄積が進み、工業化社会になるほど、男性による資源の管理は進んできたようです。

大事な資源を誰が管理しているかということと、夫と妻の権力関係、男女の平等と不平等などが、密接に関連しているようです。このことは、またあとでとり上げてみましょう。

資源コントロール型

さて、以上のように、生産手段と生産にかかわる意志決定が誰の手に握られているかは、女性が自らの生活と子育てのための助力を、基本的にどこに求めるかに影響を与えています。それがどこであれ、どちらの場合にも、結婚形態としては、一夫一妻も一夫多妻も見られます（一妻多夫は、いずれにせよきわめて少ないので、今は問題にしないことにします）。

ここで、『ギネス・ブック』に掲載されていた極端な一夫多妻を思い出してください。巨大なハーレムを所有して八八八人もの子どもの父親になる「血に飢えたるスレイマン」のような男性は、いったいどのようなときに出現するのでしょうか？　それは、男性によって生産手段や財産が管理されている社会で、男性が著しく富を蓄積するようになったときです。『ギネス・ブック』の例ほど極端ではなくても、さきほど紹介したトルクメンのヨムート族もそうですし、ケニアに住む遊牧民のキプシギス族でも、一人の男性の所有する牛の数や土地の面積が増えるとともに、彼の妻の数も増えていきます。

そして、モロッコの王様のようなもっとも極端な一夫多妻は、社会が階層化し、人々の間に不平等が生じて、極端な富の独占が可能になった社会に見られます。このことは、ヒトの一夫多妻システムが持つ一つの特徴を示しています。

つまり、ヒトの子どもは育てるのに非常に手がかかります。それで女性は、男性に助力を求めるわけですが、男性が、ミツユビカモメのように、毎日の食料を毎日自分で取ってきて、富の蓄積などというものがない場合には、一人の男性がしっかりめんどうを見ることのできる女性とその子どもの数には、おのずと限りが生じるでしょう。そういう場合には、極端な一夫多妻など実現できません。何人もの女性とその子どものめんどうを見ようとする男性は、精根つき果てて自分が死んでしまうか、どの一組の女性とその赤ん坊にも十分な援助が回らずに、全員が死んでしまうかするでしょう。

単独で子育てをすることが不可能になったヒトの女性は、男性に援助を求めるわけですが、男性の方も、まったくの人助けの精神で援助をするのではありません。男女が協力しなければ子どもは育たないので、十分な協力をしない男性は、結局、自分の子どもを残すことができず、自分自身の損失になるのです。

ここで、さきに紹介したマードックの統計を思いだして下さい。一夫多妻が許されていたり奨励されていたりする社会でも、実際には、半分以上の社会で、一夫多妻は実現されていませんでした。そういう社会である、ザイールの森林に住む狩猟採集民のピグミー族やカナダのイヌイットでは、まさに、先述のような事態になっているのです。これらの人々は、基本的に狩猟採集生活をしており、極端な富の蓄積はありません。したがって、いくら一夫多妻が認められていても、それを実現できる男性などほとんどいないのです。これを、「生態学的に規定された一夫一妻」と呼ぶことがあります。

ところが、少しでも生産手段が複雑になり、貨幣経済になり、人々がいろいろなものを売ったり買ったり、財産を蓄えたり、使用人を使ったりするようになると、男性の援助というものの性質も大きく変わっていきます。男性の援助は金銭的援助になり、男性自身が多大な肉体労働をしなくても、多くの女性の面倒を見ることが可能になるでしょう。モロッコの王様が自分で八八八人の赤ん坊の面倒を見たとはとても思えません。巨大な富の蓄積と他人の労働の搾取があってこそ初めて、そんなことは可能になったのです。

つまり、ゾウアザラシの一夫多妻の配偶システムと、ヒトにときどき見られる極端な一夫多妻とは、成立条件がまったく違うのです。ゾウアザラシの雄は子育てをいっさい手伝いませんし、雌もあてにはしていません。そこで、ゾウアザラシの雄間には非常に厳しい肉体的闘争が存在し、雄のからだは雌の七倍もあって、勝った雄が雌を独占します。このような一夫多妻のシステムは、雌コントロール型一夫多妻と呼ばれています。

しかし、ヒトの子どもは母親だけでは育てられず、何らかの援助が必要です。その援助の全部または一部は、父親である男性が提供するのですから、ヒトの男性は、ゾウアザラシの雄のようには、子育てに関して暇であるはずがないのです。それよりは、むしろミツユビカモメのように働かなくてはいけないヒトの男性は、年中、女性獲得のための肉体的闘争をするわけでもなく、女性の何倍も大きな体格をしているわけでもありません。

それにもかかわらず、一部で極端な一夫多妻が出現してきたのは、農耕、貨幣経済、富の蓄積と偏在、独占、他人の搾取などのために、男性間で不平等が生じてきたからです。これは、多くの鳥たちに見られる資源コントロール型一夫多妻と呼ばれるもの

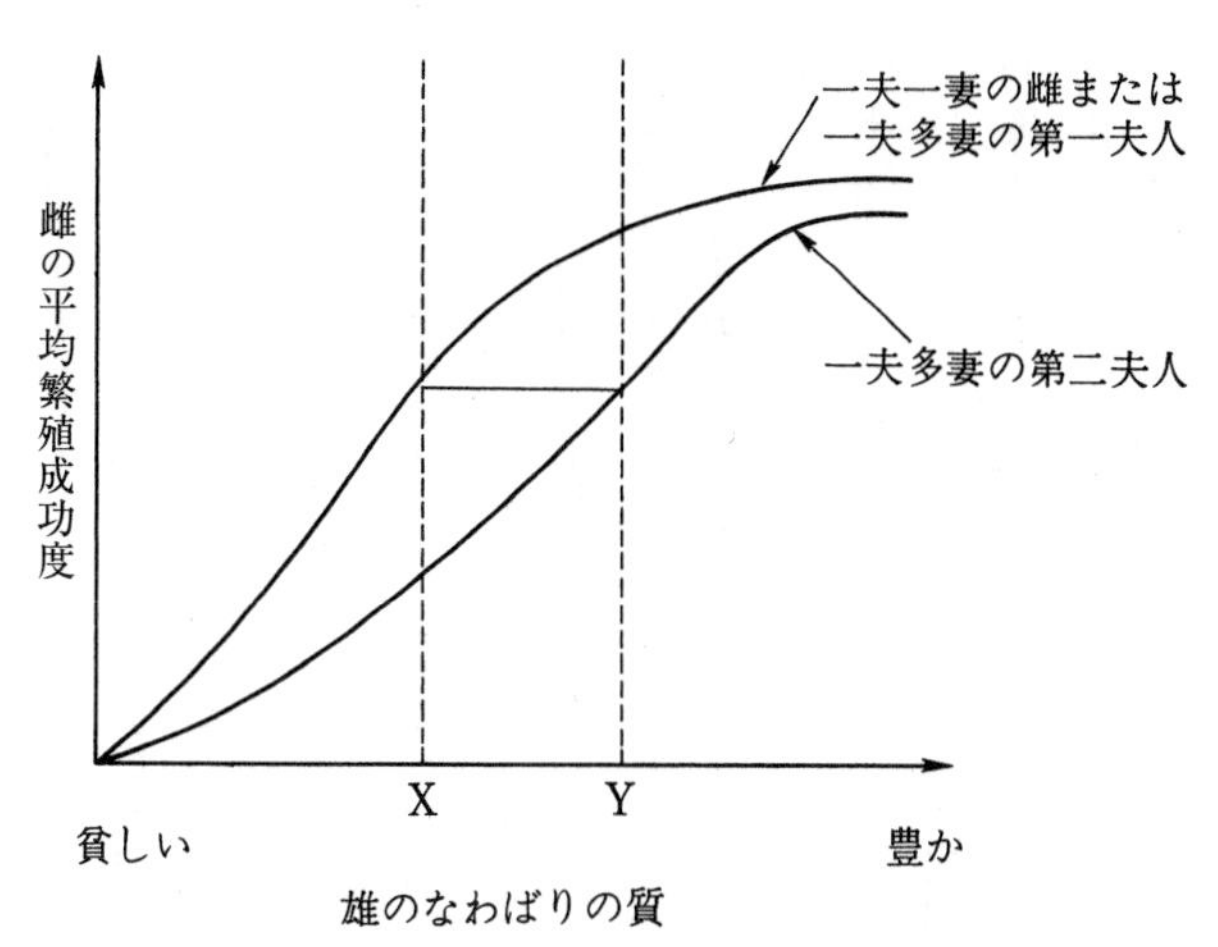


雌の平均繁殖成功度は、一夫一妻のとき、または一夫多妻の第一夫人であるときの方が、一夫多妻の第二夫人であるときよりも常に高い。しかし、雄のなわばりの質にばらつきがあるときには、貧しいなわばりを持った雄（X）の第一夫人であるときと、豊かな雄（Y）の第二夫人であるときとで、雌の繁殖成功度が等しくなる。そこで、Y以上に豊かな雄の第二夫人になれば、Xと一夫一妻になるよりも高い繁殖成功が見込める。このようなときには、貧しいなわばりの雄と一夫一妻になるよりは豊かななわばりの雄の第二夫人になる雌が出現し、一夫多妻が出現する。

図34　資源コントロール型一夫多妻モデル

に似ています。しかし、鳥における資源コントロール型一夫多妻は、もともと自然状態での資源の分布、なわばりの質にばらつきが大きいときに生じるのですが（図34）、ヒトの場合は、文化的に自ら生み出した不平等が原因となっているところが違います。

## 文化が決めた婚姻システム

ミツユビカモメは一夫一妻だとか、ゴリラは一夫多妻だとかいうときの、ヒト以外の生物が持っている配偶システムと、ヒトの文化や法律で決められている婚姻システムとは、明らかに少し異なるものです。

ミツユビカモメが一夫一妻の配偶システムを持っているのは、遺伝的基盤と、ミツユビカモメが置かれている生態学的条件と、淘汰とによるのでしょう。ミツユビカモメの一夫一妻は、かれらが置かれている条件のもとでの最適配偶システムなのだと思います。

しかし、ヒトの婚姻システムは文化的に決められたものであり、いろいろな生態学的条件のもとで淘汰が働いた結果、最適システムに維持されているのではないと思われます。現在の日本は一夫一妻、アラブ諸国は一夫多妻ですが、それは、私たちが一夫一妻の遺伝子を持っていて、アラブ人が一夫多妻の遺伝子をもっているからではありませんし、ましてや、日本に一夫一妻システムが維持されている理由は、一夫一妻をとる人の適応度が、それ以外の配偶システムをとる人の適応度よりも高いためではありません。

### ヒトが生きる単位としての家族

もう一つ、ヒトの婚姻システムが動物の配偶システムと違うところがあります。それは、動物の配偶が配偶する雄と雌の間の進化生態学的問題であるのに対し、ヒトの婚姻は、結婚する当人たちの間だけの問題では全然ないということです。結婚するかしないか、誰と結婚するかの判断を、当の男女だけで行うようなヒトの社会は、ごく最近の西欧文明社会の一部を除いては、存在しないといってよいでしょう。結婚はつねに「家族」対「家族」の取り決めであり、多くの民族では、結婚に関する決定は、当人の意志とはあまり関係なく、家族（とくに父親、兄、おじなどの男性血族）の判断で決められます。

このことは、多くの民族で見られる、結婚に際しての婚資やブライド・サービスの提供の様子を見てもわかります。結婚を決めた将来の花婿は、花嫁の家に対してプレゼントを提供したり、一定の期間、花嫁の家に住み込んで労働を提供したりしますが、それは、花嫁に対して提供されるのではなく、花嫁の家族に対して提供されるのです。日本の結納というものも、花嫁自身に渡されるものではありません。

それはなぜなのでしょうか？　それは、ヒトという生物が生きていく上での基本的な単位が、個人ではなくて家族だからではないでしょうか？　動物は、社会性昆虫などの特殊な例を除いて、たとえサルのように群れを作って暮らしているものであっても、各個体が自分で食べて、自分で繁殖していく上では、個体が一つの独立した単位です。

ところがヒトは、そこらの自然に存在する天の恵みをもぎとっては口に入れ、好きなところを歩いて好きなところでゴロンと寝るような生活はしなくなりました。いろいろな技術を駆使して食物を取り、調理し、家を建て、服を着るという、複雑な生活の仕方を採用しています。その上で手のかかる子どもを育て、こうやって「人間らしく」暮らしていくための複雑な方法を、子どもたちにも教えねばなりません。このようなこと一切のおかげで、ヒトは、基本的に個人が一つの独立した単位として生活するということができなくなってしまったのです。

そこで、ヒトはただ食べて寝て生活していくだけでも、互いに支え合わねばならなくなりました。その相互扶助の基本単位が家族です。どのような人々が家族を構成するか、誰が重要な人物であるかは、文化によって異なりますが、多くの場合家族は、夫と妻、その子どもたちを中心に、なんらかの血縁関係にある人々で構成されていま す。家族は、相互扶助を行うことによって、人々の生活の基本単位を構成しており、財産の管理の単位でもあり、相続の単位でもあります。

さらにまた、それぞれの家族は経済的社会的に独立して暮らしているわけではありません。ヒトは家族の上に、なんらかの集落というものを作っています。集落の内部では、今度は各家族どうしがたいてい相互扶助を行っています。異なる集落どうしは、敵対関係にある場合も、相互扶助関係にある場合もあるでしょう。このような、家族より上の単位でのいろいろな経済的政治的活動においては、それぞれの家族は、競争関係にも、協力関係にもあります。

そこで結婚は、経済的社会的単位としての家族の成員の構成に変化をもたらします し、子どもの誕生によって、財産の相続に大きな影響を及ぼします。どこの家族の出身者と結婚するかで、家族どうしの協力関係や競争関係も影響を受けます。したがって、結婚は二家族だけの問題にとどまらず、社会的な制度となります。こんな大事なことが、もはや、若い二人の間だけの問題で済むはずがありません。

さらにまた、家族間の協力関係を強化したり、敵対関係を宥和したりするための手段として（極端な場合には、結婚する当人たちの意志を無視して）、結婚を利用することもできますし、家族の築き上げた財産を分割するためや、また、分割しないために、特定の相手との結婚を利用することもできます。このことは、いろいろな国の王侯貴族の結婚を世界史的に見れば、よくわかるでしょう。関連する利害関係が大きいほど、当人たちの意志は無視される傾向にあるといえます。

このようにヒトでは、結婚はただの繁殖の問題ではなく（まして、誰かを好きかどうかの問題ではなく）、家族の利益と損失という大きな要因が関わる経済的社会的問題であり、社会制度となります。動物の雄と雌の配偶行動は、その雄と雌の繁殖成功度に関わる進化生物学で分析できますが、ヒトの結婚とそれをめぐる社会制度は、当人たち自身の繁殖をめぐる利害のみでは分析できないのです。

## 女性をめぐる競争

以上のように、ヒトの結婚は、個人としての男性と女性の手を離れ、家族の問題、社会の問題となっています。これによってヒトでは、配偶者の獲得をめぐる競争の様子が動物たちとは非常に異なるものとなりました。

動物たちは、個体が生存の単位ですから、雌雄の間の潜在的繁殖速度の差によって、

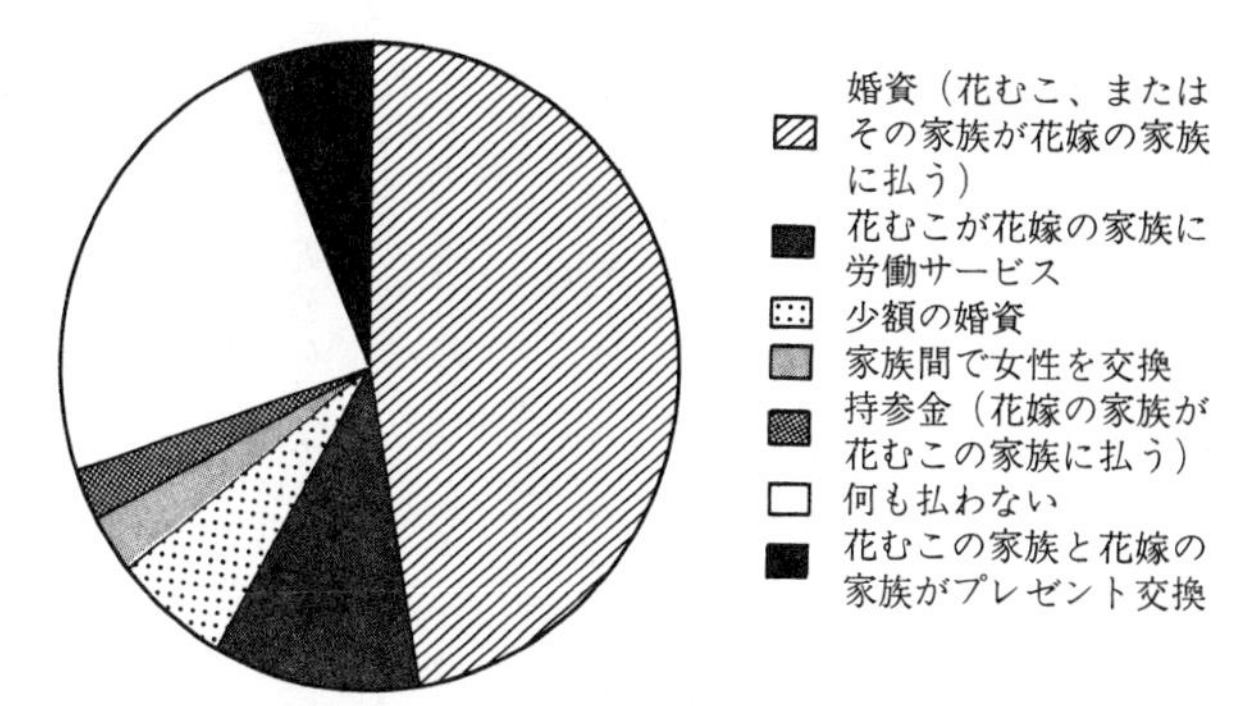


図35　世界の860の民族社会における、結婚にあたっての金品・労働の交換

雄どうしが競争し、雌が選り好みをするということが起こりました。しかし、さきに述べましたように、ヒトでは個人としての男性と女性が配偶者獲得の舞台で競争するのではありません。結婚は「家族」対「家族」の取り決めで、両家族が結婚に関するさまざまな事項を決めます。そうなると、配偶者の獲得をめぐる競争はどのようなものになるのでしょう?

結婚は、男性の親族集団どうしの間で、「財産」としての女性を交換するシステムであるといったのはレヴィ＝ストロースです。

図35は、世界の八六〇の民族社会において、結婚に際して花婿の家族と花嫁の家族の間で、どのような取引が行われるかを示したものです。これもまた、マードックの調査による資

料です。これを見ると、大多数の社会で、花婿の家族が花嫁の家族になにがしかの「支払い」をしているのがわかります。

では花婿の家族は、女性のどのような価値に対して支払いをしているのでしょう？それは、婚資の額がどのようにして決められるかを見るとわかります。多くの社会では、花嫁の年齢が若いこと、処女であること、将来たくさん子どもを産みそうであることが、婚資の額が大きくなる条件です。つまり、女性の「価値」は子どもを産むことにあり、家族を存続させ、家族の財産を継承する手段を提供することにあります。花婿の家族はそのような手段を提供してくれる花嫁を「買い取る」ことになり、花嫁の家族はなるべく娘が高く「売れる」ように気をつかいます。したがって、花嫁にそのような価値がないとあとで判明した場合、つまり、子どもが産まれない、浮気をするなどのことがわかったときには、花婿の家族は花嫁の家族に婚資の返還を要求できます。

両家族の間でとくに何も物資の交換のない二〇〇五の社会では、結婚成立後の両家族の相互扶助関係が約束されます。また、花嫁の家族が提供する持参金は、婚資と逆のものではありません。持参金は、花婿の家族に払われるものではなく、新婚夫婦に贈られるのです。

こうしてみると、配偶者の獲得をめぐる競争は、ヒトにおいては、決してストレートに現れてくるものではないことがわかるでしょう。男性間の競争は、動物におけるように男性自身の肉体的魅力を誇示する方向へ向かうよりは、物資、金銭などの資源を蓄える方向へと向かいます。一方、女性の方は、自分の価値を高めるために、若くて処女で、将来たくさん子を産みそうであることを誇示するようになるでしょう。

## 配偶者防衛と父性の確認

ヒトの結婚は、生態学的には、性と相互扶助のパートナーを見つけて、男性と女性が自らの繁殖をする行動です。しかしヒトは複雑な社会的動物なので、結婚には、生態学的意味のほかに、ヒトの社会の基本を作る家族の利害、財産の継承に関する大きな社会的経済的意味あいがつけ加わりました。

そこで、この社会的経済的意味の方から、結婚そのものだけでなく、一般に男女の関係や男らしさ女らしさというものにいたるまで、ヒトの生活のいろいろな側面に波及する制度、慣習、文化が生まれてきます。

ヒトは体内受精をする哺乳類です。第6章でくわしく取り上げたように、体内受精をする動物では、生まれた子どもの父性の確認が容易ではありません。卵は雌の体内に隠されており、そこへ送りこまれた精子が卵に受精します。雌にとっては、どの精子で受精された卵であっても、自分の子であることに変わりはありませんが、雄にとっては、受精後しばらくの時を経て生まれてきた子どもが、本当に自分の精子で受精された自分の子であるかどうかは、遺伝の実験を行わない限り知りようがないのです。そこで、多くの体内受精する動物では、雄は、確実に自分自身の精子で受精されるように、さまざまな配偶者防衛を行うことを、第7章で紹介しました。

ヒトの男性にとっても、状況は同じです。ヒトは進化の過程で難産になり、男性は子育ての助力をすることになりましたが、ヒトも体内受精ですから、父性の確認は容易にはできません。お互いに愛し合っていて、お互いしか眼中にないのならば問題はないのですが、愛はそれほどあてにはなりませんし、なにしろ先に述べたように、ヒトの結婚は、当人どうしの愛情で決められるよりは、家族の思惑によることが多かったのですから。

父性の確認が簡単にはできないことに加えて、ヒトの男性は、性のパートナーである女性とその子どもに多大な投資を行います。とくに、女性が子育ての援助をおもに男性に求める社会では、男性による投資が非常に大きくなります。そこでもしも、自分の子でない子を押しつけられてしまったら、男性にとっては大きな損失でしょう。

というわけで、ヒトの結婚をめぐるさまざまな制度や慣習では、男性による配偶者防衛と父性の確認が非常に重要視されると考えられます。また、配偶者防衛と父性の確認は、当の夫だけの関心事ではなく、相互扶助と経済の単位であり、共通の利害のもとに暮らしている家族全員の関心事でしょう。

## 浮気のダブル・スタンダード

まず、夫婦の浮気のことを取り上げてみましょう。夫婦は、繁殖の単位であると同時に、相互扶助の契約関係でもありますから、どこの民族でも国家でも、夫婦が結婚外の性的交渉を持つことを、法律や慣習で制限しています。しかし、結婚外の性的交渉に関して、男性と女性をまったく平等に取り扱っているのはごく最近の西欧型近代国家だけであって、歴史的・地理的に見て大多数の集団では、夫の浮気よりも妻の浮気の方を許しがたいことだとしています。これは、浮気に関するダブル・スタンダードです。

多くの法律や慣習では、妻が夫以外の男性と性的関係を持った場合は、夫が被害者とみなされますが、夫が妻以外の女性と性的関係を持っても、妻は被害者とはみなされません。このことはとくに、女性が子育ての助力のほとんどを男性から得る社会、つまり、生産手段を男性が管理している社会に見られます。たとえば、さきに紹介したトルクメンのヨムート族では、浮気をした妻は殺されます。しかし、妻が夫の浮気を告発することはできません。フランスでは、一八一〇年の法律まで、男性が妻の意に反して自宅に妾を住まわせても、何の罰則もありませんでした。しかし、もちろん、妻の浮気は認められません。

これはつまり、父性の確認のための男性による配偶者防衛にほかなりません。妻が浮気をすると、家族内に生まれてくる子どもの父性が怪しくなるのに対し、夫が浮気をしてどこかほかのところで子どもを作っても、夫自身の家族内に生まれてくる子どもの父性確認には関係がないからです。妻と子どもに多大な投資をする夫は、確実に自分自身の子に対してのみ、その資源が分配されるようにするために、妻の浮気をこととさらに監視するのです。浮気という直接的な契約違反行動だけでなく、多くの社会は、実にさまざまな手段で女性の性行動をコントロールしています。その中でもとくに悲惨なのは、広くアフリカの諸部族で行われている、女性の割礼でしょう。

これは、女性が成人するまでに生殖器の一部を切除したり縫合したりするもので、女性の性欲を低下させたり、セックスを楽しくないものにさせたり、また、夫が望むとき以外は物理的にセックスが不可能なようにしてしまうものです。スーダンのある部族では、女性は、成人とともに生殖器を縫合し、結婚と同時に切開し、妊娠が確認されるとまた縫合し、出産のためにまた切開し、出産後には縫合し、夫が次の子どもを欲しくなったころにまた切開する、ということを繰り返します。こんなことがからだにいいわけがありません。事実、これがもとで病気になったり死んだりする女性も数多くいるので、女性の福祉の観点から、割礼を廃止するようにWHOなどが働きかけています。

このような、直接的な女性の性行動のコントロールよりももっと一般的なのは、女性の行動一般を制限する方法です。性行動に関してだけコントロールするよりも、女性の行動全体をコントロールした方が効果が高いからです。ベールをかぶせる、外出を制限する、社会的活動の参加を制限する、未婚と既婚の区別を明瞭化する衣服を身につける、などのさまざまな習慣は、未婚の女性は両親（家族）の、既婚の女性は夫の財産であって、それに傷がつかないようにする方策といえるでしょう。

たとえば、北インドのある部族では、位の高い貴族の家になるほど、女性の部屋の窓が小さく、高いところについているそうです。つまり、女性に対する男性の投資が大きい階級になるほど、女性の行動のコントロールが厳しくなるわけです。日本語の「奥様」という言葉や「深窓の令嬢」などという表現も、女性は家の奥にいてみだりには他人に会わない、という概念を表しています。

中国では、唐のころに、女性の足を幼時から布できつく巻いて足を小さくする纏足という習慣が現れ、明のころまでに広まるようになりました。

纏足をすると、足の正常な成長が阻害され、極端な場合には足の大きさがたった六センチほどになります。このような場合には、女性は家の中の一部屋から他の部屋まで歩いていくくらいがせいぜいで、そのくらい歩いただけでも、すぐに休まねばならなくなります。それ以上の長さの移動には、乗り物に乗るか、奴隷に背負ってもらうかせねばなりません。当然、そんなことで生活できるのは上流階級だけで、中流以下では、そこまでひどい纏足は行いませんでした。

足の小さい女性が美しいとか魅力的だとかいわれて、このような習慣が広まるのですが、その本当の理由は、女性の行動を制限し、コントロールしやすくすることにあります。

アラブ世界では女性がベールをかぶります。とくに、人前ではベールをかぶらなければいけません。それだけではなく、女性が一人で出歩いたり買物をしたりするのを禁じている所さえあります。

また、行動の規制ではありませんが、女性の服装や装飾品の中には、未婚と既婚の区別を明瞭にするものがたくさんあります。結婚指輪がそうですし、未婚の女性だけが着る日本の振袖もそうです。世界中の一三八の民族社会における服装と装飾を調べた研究では、そのうち九九の社会が、女性の未婚・既婚の区別を表すものを持っていましたが、男性の未婚・既婚を表すものを持っている社会は、たった四つしかありませんでした。

これも、ある女性が既婚であるかどうかを社会に対して示すことは重要であるのに、男性が既婚であるかどうかを社会に示すことは重要でないからなのでしょう。

ところで、浮気というものは、男性にしろ女性にしろ一人でできるものではありません。必ず相手がいります。自分の妻が他の男と浮気しないように、男性が一生懸命に配偶者防衛をするということは、つまり、男性が浮気をするからなのです。

さきにご紹介した三つのアンケート調査でも明らかな通り、結婚外の性交渉を持ちたいと思うのは、女性よりも男性の方がずっと多いのです。したがって、男性が、自分自身は浮気をしたいけれども、自分の妻は絶対に誰とも浮気をさせまいと思うと、それは基本的矛盾を導くことになります。自分の浮気の相手の女性の夫も、同じことを考えているだろうからです。そうなると、女性の行動一般に対するコントロールは、雪だるま式に増えていくことになるでしょう。そしてまた、誰にも属さない女性、セックスをしても責任をとらなくてもよい女性、というカテゴリーとして「売春婦」という職業が生じたのでしょう。

家族による娘のコントロール

女性に対するいろいろな行動規制は、夫による妻の行動のコントロールであることはもちろん、同時に、両親を初めとする家族による結婚前の娘のコントロールでもあります。生活手段を男性が管理し、女性が男性に依存する社会では、夫には、妻と子のめんどうを見る義務がありますが、そのかわり、妻が確実に自分の子しか作らないようにコントロールします。そこで、確実に夫の子しか作らず夫のコントロールに服しやすい女性が理想的とされ、家族は、娘をそのような女性にするように気をつかいます。娘がそのような女性であるほど、女性としての価値が高くなるのです。

処女性は、これまで家族のコントロールに従い、性行動が管理されていた証拠ですから、結婚後も夫のコントロールに従う妻になることの証拠であるのでしょう。このようにして、女性は、小さいころは親によって、結婚してからは夫によってコントロールされることになり、女性がいくらか権力を持てるようになるのは、年をとって自分の家族に対して影響を及ぼせるようになってからです。

## 言語、美徳による女性のコントロール

　ここまでに、ヒトの社会に見られる、いろいろな方法での女性の性や行動一般に対する制限をとり上げてきました。こうした制限は、男性が女性と子どもに対して多くの投資を行うのに、ヒトが体内受精であるから父性の確認が難しいことによります。

　このように、「父性の確認」「配偶者防衛」「女性の性行動のコントロール」という言葉をつかっていろいろな制度や習慣を解説していくと、いかにもぎすぎすした感じがします。まるで夫婦の間に愛情などまったく存在せず、夫はつねに疑心暗鬼で妻を監視し、親は娘を高く売れる財産としてしか見ていないように感じられます。そして、このように扱われている女性は不幸でしかあり得ないように思われます。

　しかし、実際には人々は、誰も「父性の確認」「配偶者防衛」「女性の性行動のコントロール」ということを直接に考えて、そのつもりでいろいろな制度や習慣に従って暮らしているのではありません。人々が考えているのは、美徳や名誉や恥や近所の評判や美しさのことであって、進化生物学的視点から分析した利害関係ではないのです。

　一八〇〇年代のフランスの法律には、「姦通という行為自体が悪いのではなく、それが父性の不確かな子どもを家庭内にもたらすことが悪いのである。したがって、そ

れは妻による姦通だけにあてはまることであり、夫による姦通にはあてはまらない」とはっきり書かれています。また、コーランにも、「男性は女性を管理せねばならない。なぜならば、……男性は女性に多くの財産をつぎ込んでいるからである」と書いてあります。

ですから、習慣や制度が、誰の利益のためにどういう目的で作られているかの真の意味を理解している人が、どこかにいることはいるのです。しかし、普通の人々の毎日の暮らしは、このような理解の上に営まれているわけではありません。

人々は、その文化の中で価値あるものとされている貞節の美徳、処女性の美徳、女らしさ、女の名誉、男の名誉、家の名誉などにしたがって行動しているのであって、そういった事柄が美徳とされている真の理由は何なのだろうとは考えないのです。これらの言葉や価値観は、女性の性行動に対するさまざまなコントロールを、誰にとってもコントロールであるとは思わせず、女性にとって価値の高いものと思わせ、それを身につけていることに自ら誇りを感じるようにさせます。ですから、そのために女性がとくに不幸と思っていることもありません。また、もちろん、夫と妻が愛し合っていれば、さまざまな習慣などことさら問題にすることなく、幸せに暮らすことができます。

小さいころからこのような価値観の中で育てれば、女性自身がそういった美徳を自然に身につけ、自ら実行しようとするようになります。中国で行われていた纏足も、「女性の行動を制限するための手段」だとはっきり思っていた人はいません。誰もが、「足の小さい女性は美しい」とか、「足の小さい女性は品位が高い」というように思っていたのです。そこで、実際には強度な纏足などしない（できない）農民や下層階級の女性も、纏足にあこがれ、お祭りの日などには、足に布を巻いて纏足のまねをしたということです。

レイプの犠牲者の女性が、その事実を隠したがるのは、多くの社会に見られる現象です。レイプは明らかに女性自身が望まなかった性行為であるし、女性は犯罪の犠牲者です。しかし多くの社会では、「女性自身の意志にかかわらず、いかなる状況下でも、配偶者以外の男性と性交渉を持つことは女性の恥である」という「純潔」「貞節」の社会的通念があります。このような概念も、女性の心に恐怖を植えつけることによって、夫による配偶者防衛を確実にするための一つの方法です。レイプの犠牲者の女性が、その事実を隠し自分を責めたりしたら、彼女は、こういった社会通念の犠牲者にもなるのです。

ヒトは脳が大きくなって、複雑な言語を持つようになり、高度な文化を築くようになりました。言語によってヒトはいろいろ複雑な概念を表現し、他人に伝えることができます。しかし言語は、他人を操作するのに非常に大きな力を持っています。言語を使って価値観や理想を教育することにより、ヒトは、実際に力ずくでコントロールしなくても、やすやすと他人を操作することができるようになりました。そして、いつしか誰もがその本当の意味を忘れてしまうこともあるのです。他人によるコントロールに服しやすい性格の人間を理想のタイプとする価値観を広めれば、いとも簡単に、制御しやすい人間を量産することができます。しかも、誰もそれが他人の操作であるなどとは思いもしないでしょう。

日本を含めて男性による資源管理型の社会では、その文化の持つ男らしさ、女らしさに関する価値観や習慣の中に、誰もはっきりとは意識せずに女性の行動をコントロールしている部分が多々あると思います。

# 第11章 そしてわれわれはどう選ぶべきか

## 遺伝子型と表現型

第9章と第10章では、ヒトの婚姻形態や性に関するいくつかの文化現象をとり上げ、それがなぜ生じてくるのか、ヒトの生物学的特殊性をふまえて検討してみました。その中でも、随所で言及してきたことですが、ヒトの行動を進化生物学の枠組みで論じることには、注意すべき点がたくさんあります。ヒトは、明らかに他の動物とはいろいろな点で異なるもので、動物の行動を論じるときとまったく同じにヒトを分析することはできません。そこで、もう一度、ヒトを生物学的に論じるときの問題点を確認しておくことにしましょう。そのためには、第8章までに行ってきた進化生物学的議論の要点をもう一度はっきりさせておく必要があります。

これまでの動物の行動の話はみな、進化の話でしたから遺伝の話でした。正直に闘う戦略やスニーカー戦略とか、より長い尾を持つ配偶者の選り好みなどは、みな、そのような戦略を引き起こす一つまたは複数の遺伝子を想定し、それが、そのような戦略をとる個体の繁殖成功度の差を通じて、集団中にどのように広まるか、ということを議論していたのでした。

生物のからだの作りは、それを支配する遺伝子によって決められています。細かいところは成長の過程や事故などによって変化するものの、おおまかなところは遺伝子の設計図による通りに作られます。この設計図に何が描いてあるか、つまり、指なら指の構造に関してどのようなタイプの遺伝子を持っているかを遺伝子型と呼び、それによって実際に作られる指の形を表現型と呼びます。

それと同じように、生物が示すいろいろな行動も、多くは、遺伝的に決められている、少なくとも、遺伝的基盤を持っていると考えられます。脳の発達した、高度な判断をする動物になればなるほど、遺伝的に決められた行動ばかりはとらないようになりますが、それでも多くの行動には遺伝的基盤があります。事実、昆虫類では、確かに特定の行動を引き起こす遺伝子そのものも見つかっています。たとえばミツバチには、自分たちの住んでいる巣房の掃除をこまめに行う係りがいますが、このお掃除行動は、たった二つの遺伝子によって支配されているのです。

そこでもっと複雑ないろいろな行動に関しても、実際におもてに現れる行動を表現型とし、そのような行動を引き起こす遺伝子型を想定してもかまわないでしょう。正直に闘う行動、スニーカーをする行動、雌のふりをする行動などは表現型であり、それぞれの個体は、そのような行動を引き起こすなんらかの遺伝子のセットを持っていると考えられます。

このような場合、一つの行動の表現型が一つの遺伝子と対応していることは少ないと考えられます。たとえばスニーカー戦略という一つの戦略は、たくさんの一連の行動からなっています。その要素となっているそれぞれの行動の単位も可塑性に富んでいるでしょう。しかし、いずれにせよ重要なことは、戦略には遺伝的基盤があることと、その戦略が集団中に広まるかどうかは、その戦略を表現型として示す個体の繁殖成功度の差を通じてである、ということです。正直戦略が次代に残り、集団中に広まっていくためには、正直戦略をとる個体の子どもが確実に残り、正直戦略を引き起こす遺伝子型が次代に受け継がれねばなりません。スニーカー戦略は、つねに成功するとは限りませんから、スニーカーの子どもの数が非常に多いということはないでしょうが、正直者を食い物にしていける限りは、スニーカーもあり続けるでしょう。

## 文化がヒトの行動を支配する

それでは、ヒトの行動はどうでしょうか？

第一に、ヒトは哺乳類の中でも脳の大きな霊長類に属し、その中でももっとも脳の大きい動物です。しかも、ただ脳が大きいばかりでなく、新皮質という「考えて」行動を起こす部分が大きいので、ヒトの行動の多くは、単なる遺伝子型の発現とは考えられません。ヒトが家の掃除をするのは、ミツバチと同じように「お掃除遺伝子」を持っているからだと考える人はいないでしょう。ヒトの行動のすべてが遺伝的機構から解放されているとは思えませんが、ヒトの行動の多くが、学習や経験、教育、洞察、ものを理解した上で個人が行う判断などによることは、誰も否定できないでしょう。つまり、ヒトの行動を生物学的に考察するとしても、その行動の背後に、それを支配する遺伝子があるためであるかどうかは、慎重にならなくてはいけないということです。ヒトの特徴は、個人が置かれた状況に応じて、学習や経験、教育や個人の洞察によって行動を変容させられるようにできた、遺伝的基盤を持っている、ということでしょう。

それでは、ヒトが行う行動と遺伝子との関係があいまいであるとして、ヒトの行動は、個人のまったくの自由意志に基づくのでしょうか？　いいえ、ヒトの行動の多くは「文化」というものによって規制されています。ヒトの行動が遺伝的束縛からどれほど解放されているにせよ、そのかわり今度は、かなりの文化的束縛を受けています。そして、文化が人間の行動にどのように影響を及ぼしているのかは、なかなか一筋縄ではいかない複雑な問題なのです。

まず、簡単な例を挙げて検討してみましょう。たとえば、私たちが食事をするときに何を使って食べるかは文化によって異なり、個人は、自分の生まれた文化で容認されている道具を使って食事します。日本人は箸を使いますが、箸を使うのは、朝鮮半島、中国大陸を経てベトナムまでで、そこから先へ行くと手で食べます。さらにヨーロッパに行くとナイフとフォークで食べますが、現在のようにフォークを使うことが普及したのは一六、一七世紀になってからのことでした。それ以前は、手で食べていたのです。

生物学的には、何で食べようとたいした違いはありません。しかし、生まれた個人は何で食べてもよい自由を持っているわけではなく、この行動は文化的規制を受けています。箸で食べるか、手で食べるかが遺伝的に決まっているわけでは、もちろんありません。しかし、個人のまったくの自由による行動ではなく、たまたま生まれついた文化に規定されているわけです。そこで、「箸を使う」「手で食べる」などを、個々の文化が持っている「ミーム：文化子型」とでも呼び、個人は、自分の生まれた文化の持つ「ミーム：文化子型」の中から、自らの行動の表現型を身につけさせられていくと考えることができます。このような考えは、英国の進化生物学者のリチャード・ドーキンスが最初に提唱しました。

そうすると、ある「ミーム」が集団中に見られることを、ある遺伝子型（戦略）が集団中に見られることと同じように分析することができるでしょうか？　遺伝子型が親から子へと伝えられていくように、ミームも親から子へと伝えられます。その点では似ているように見えます。ところが、ある遺伝子型が集団中に存続していく機構と、あるミームが存続していく機構とには、たいへん大きな違いがあります。

さきに述べたように、ある遺伝子型（戦略）が集団中に広まるかどうかは、そのような戦略をとる個体の残す子どもの数で決まります。戦略Aと戦略Bとがあり、集団中にどちらがどのように増えるかは、戦略Aをとる個体の繁殖成功度と、戦略Bをとる個体の繁殖成功度との関係で決まります。Aをとる個体の子どもの数が圧倒的に多ければ、Bはなかなかその集団中に広まっていくことはできませんし、同じくらいの子どもを残すことができれば、両者は並存していくでしょう。

一方、「ミーム」の方はどうでしょう？　たとえば、日本で「箸を使う」という文化子型が広まっているのは、そのような日本人の残す子どもの数が、「手で食べる」とか「ナイフとフォークを使う」というミームを採用する人の残す子どもの数よりも多いからでしょうか？　もちろんそうではありません。そういうミームが学習で伝えられ、広められていきさえすればよいのです。遺伝子モデルに基づく戦略は、それが集団中に広まったり維持されたりするためには、子どもの数を通じてしか手だてがないのですが、遺伝子に基づかないミームが集団中に維持されている機構は、子どもの数を通じてではなく、文化的伝達の効率によるのです。

文化を通した適応

それでは、文化は生物学的適応とは関係がないのでしょうか？　ある文化で特定のミームが出現してきたそもそもの理由は、そのような行動をとる個体の適応度が高かったからではないのでしょうか？

箸で食べるか、手で食べるかという例では、この違いは、生物学的適応とはたいして関係がないでしょう。日本の食物の形態が、とくに箸で食べることに向いており、インドや中東の食物の形態が、とくに手で食べることに向いているとは思われません。どの国の食物も、どんなもので食べようと同じように食べられるでしょうから、箸で食べるか、手で食べるかなどは淘汰上中立と考えられます。

しかし、淘汰上中立でない行動もあるでしょう。たとえば、トウガラシを食べる行動はどうでしょうか。非常に暑い地域や非常に寒い地域では、トウガラシなどピリピリと辛い物をよく食べます。このことには適応的な意義があるとよくいわれます。つまり、非常に暑い地域ではいろいろな病原菌もたくさんいますから、おなかの病気になりやすいのですが、トウガラシなどの辛い物は、殺菌作用があるからよいというわけです。また、辛い物は血行促進作用がありますから、非常に寒い地方ではからだを温めるのによいということです。つまり、とくに暑い地方やとくに寒い地方でトウガラシをよく食べ、それ以外の地域ではそれほどたくさん食べないことには、適応的な意味があると考えられます。

辛い物を食べる文化に限らず、エスキモーの氷で作った家は、その土地によく適しており、マレーシアのセマン族が使う吹き矢は、その土地の動物を狩るのによく適しているなどという、特定の文化が持っている特定のミームは、その地域の自然によく適応したものなのだという議論です。それはまったくそのとおりでしょう。

ただ問題なのは、たとえそのミームに適応的価値があるとしても、それが遺伝的基盤を持って出現したのだとは限りませんし、淘汰によってその行動が集団中に維持されているとも限らない、ということです。集団の中に「トウガラシを食べる」人と「トウガラシを食べない」人という遺伝的変異が生じ、両者の間に適応度の差があった結果、「トウガラシを食べる」人が淘汰上有利となって生き残り、この行動が文化としても根づいたとは限らないでしょう。おそらく、そうではないと考えられます。

それでは、遺伝的基礎なしに、どうやってトウガラシを食べる行動が寒い地域や暑い地域で広まるかというと、トウガラシを食べるとからだによいということに誰かが気づき、それが文化的伝達でみなの間に広まれば、それでよいのです。トウガラシを食べる行動が最初に始まったころには、トウガラシを食べる人と食べない人との間に、実際に適応度の差があったかもしれません。それでも、食べるか食べないかは遺伝的差異ではなく、現在でもそのミームが集団中に維持されている機構は、淘汰を通じてではないでしょう。

人間の理解力と洞察力のすばらしさは、自分が実際に体験してみないことでも、他人の身に降りかかったことを見たり、他人の説明を聞いたりするだけで納得できるところにあります。ですから、ミームの発生において、その行動が適応的価値を持っているとしても、その適応的価値に人が気づきさえすれば、誰もが同じ経験をしなくても、文化的伝達によってその行動を集団中に広めることができますし、ましてや、そのような行動を引き起こす遺伝子が集団中に生じてくるのを待つ必要はないのです。ヒトは洞察力と言語能力を持った結果、いちいち自分の遺伝子に突然変異が起こるのを待ち、淘汰によって適応的なものが集団中に固定するのを待たなくても、多くの人がすばやく適応的な行動を身につけるすべを手に入れたのです。

動物との単純な比較

ヒトは文化を持つことによって、自然の中で他の動物が受けているようには、環境からの圧力を受けなくなりました。文化は、ヒトとその生態学的環境との間にフィルターのように存在し、さらに文化が生態学的環境そのものを大きく変容させてきています。しかし、ヒトの行動や文化の諸特徴は、直立二足歩行に伴うからだの構造や、子どもの成長速度が遅いことなどの、ヒトという生物が持つ生物学的特徴をまったく無視して存在することはできません。第9章と第10章では、ヒトの性と繁殖、結婚に関するいくつかの現象を取り上げ、進化生物学の言葉をつかって分析してみました。

ヒトの行動を生物学的に論じるときには、いつも議論が巻き起こります。ヒトの行動を単純に生物学的に論じるわけにはいかないということを、ここではっきりさせましたので、それらを踏まえて、第9章と第10章で取り上げた現象をどう見るべきか、その解釈の仕方をまとめてみたいと思います。

私は、人を生物学的に論じるに際して、互いに両極に位置する二つの誤った立場があると思います。一つは、ヒトと動物との単純な表面的比較を行い、不正確にヒトも動物と同じだと論じる態度です。ゾウアザラシの例を引合いに男はマッチョでなければならないといい、スニーカーの例を挙げて汚い手を使う人間がいるのは当然といい、トリヴァースの投資の理論から、やはり男性は浮気をするのがあたりまえだとか、女性は生物学的に子育てをするようにできているのだから、社会に出るべきではないなどと論じるやり方です。

これは明らかに間違っています。さまざまな生物の間には、似たような行動や現象が見られるものですが、それらが表面的に似ていることを指摘するだけでは、何の意味もありません。どのような競争関係があり、どのような淘汰圧が働いたからそのような現象が現れるのか、その理由を見つけねばならないのです。似たような淘汰圧が働いた結果、似たような現象が現れることもありますが、まったく違う原因で、表面的に似たような現象が出現することもあります。

第9章、第10章でヒトの行動を分析したところで論じてきましたように、ヒトでは、生物学的要因と文化、文化による増幅、個人の利益、家族の利益、集団の利益が複雑に絡み合っています。これらを一つずつときほぐしていかねばならないのですから、動物との表面的な類似性の指摘は無意味です。

もう一つ、このような考えの背後にあるものは、「自然状態」が好ましいものであるという暗黙の前提でしょう。繁殖速度の速い雄は、次々と別の雌を見つけることによって繁殖成功度を上げることができます。それはそうなのですが、だからそれが好ましい「自然状態」であって、ヒトも適応の導くとおり「自然状態」であるのが好ましいのでしょうか？　もし、ヒトのからだが適応しているところの「自然状態」にいることが好ましいのならば、ヒトは飛行機に乗って空を飛ぶべきではないし、ましてや、宇宙にヒトを送り出すために何百億というお金を使うべきではないでしょう。

## 文化万能論

誤った立場の二番目のものは、ヒトは他の生物とはまったく異なる存在であり、生物学的説明はヒトにはまったく通じない、生物学から学ぶものは何もないとする態度です。この立場は、とくに男女の関係を論じるとき、一部のフェミニストの間に見られるようです。生物学的説明は、この立場の人々からは、現状の社会悪を肯定する議論だとして警戒されます。

この立場の人々は、性差などというものはほとんどが文化的に作られるもので、男女は生殖器官以外には生物学的に差はないと考えているようです。

私は、このような立場のアメリカ人が書いた本を読んでいるときに、男女のからだの大きさの性的二型も、文化的に作り出されたものだと論じているのを見つけて驚きました。その人は、平均して男性の方が女性よりもからだが大きいのは、歴史的、地理的にほとんどの社会で、女の子は男の子よりも栄養価の低いものを食べさせられ、女の子の服装は男の子の服装よりも非活動的、制限的であり、女の子は男の子よりもスポーツをすることを奨励されないことからくる文化的結果だと論じていました。

私自身も、性差に関する考えの多くは文化的に作られたものであるか、または生物学的に存在するものが文化的に増幅されてできていると考えています。しかし、あらゆる性差が文化的に作られたもので、ヒトという生き物が他の動物とはまったく異なり、生物学的制約とはいっさい無縁のものだということはないでしょう。

雄と雌のからだの構造、生理学、生化学は非常に異なるものであり、その究極的理由は、第1章から第8章までの間にくわしく検討してきましたように、雄と雌では受けている淘汰の種類が非常に違うからです。ヒトにいたって、その淘汰の様子はかなり変化しました。そこは慎重に考察せねばなりませんが、科学的に検証していくのではなくて、なにもかもを文化と学習のせいだと強弁していくのは、非科学的な態度だと思います。

説明することは肯定すること？

これら二つの誤った立場は、両者ともに同じ一つの誤りから生じたものだと私は思います。それは、現象を説明することと現象を肯定することが同じであると考える誤りです。両者とも根は同じで、ただ、その説明され「正当化された」現象をそれでよいと思うか、その現象を正しくないと思うかが違うのです。動物と人間の単純な表面上の類似から、「ヒトも同じなんだよ」と論じる方は、現象を肯定してその通りだといい、文化万能論の方は、現象を肯定されてしまってはとんでもないと考えているわけです。

しかし、現象がなぜ生じるかを科学的に説明することと、そういう現象が起こるのはよいことだと思ったり、しかたがないとあきらめたりすることとは別の問題です。現象に科学的な説明がつけられるということと、その現象自体を正当化することとは別です。しかし、ヒトの行動の生物学的説明にあたっては、実に多くの議論が、この二つを混同して行われてきました。

「自然状態」にあることを好ましいとし、現象に生物学的説明がつけられれば、その現象は正当化されたとし、自然界からの適当な例だけを挙げていけば、それはいくらでも都合のよい話を展開することができますが、それは自然科学とはまったく無縁のものです。

それと同時に、たとえば「生物学的性差が存在する」ということを認めると、それはすぐに、「不平等が存在することの肯定」であり、不平等をどうすることもできないとされるという警戒心のもと、すべての生物学的説明を拒否するのも非科学的です。

ヒトがなぜヒヨケザルやコウモリのように空を飛べないかの生物学的説明は、簡単にできます。しかし、そういう説明をすると、「ヒトが空を飛ばないことが正しいのだ」とか、「ヒトは空を飛んではいけないのだ」とかいわれるという警戒心から、ヒトが空を飛べない生物学的説明を拒否する人はいないでしょう。

遺伝か学習か

ヒトを生物学的に論じるときには決まって、遺伝か学習かの古典的論争がつきまといます。第9章と第10章では、私は、極力、この言葉をつかわないようにして論じてきました。それは、ヒトの行動のどこまでが遺伝的に決まったもので、どれほどが学習によるのか、そんなことはどうせはっきりとはわからないでしょうし、わかったところで、「遺伝的基盤はあるが可塑性が高い」という、今からでも予測のつく答えしか出てこないだろうと思うからです。

また、ヒトが文化を持つようになったあとは、遺伝か学習かという議論はおおむね無意味になったと私は思います。

ヒトは大きな脳を持ち、文化を持ち、言語を持つようになりました。その結果ヒトは、自分の遺伝的基盤が変化しなくても適応を遂げることができるようになったのです。哺乳類が空を飛ぶためには、コウモリのような翼か、ヒヨケザルやモモンガのようなだぶだぶの皮膚を発達させねばなりませんでしたが、ヒトは、飛ぶためには何が必要かを理解した結果、遺伝子の変化を待たずに文化によって「翼」を作り上げたのです。

トウガラシを食べる文化の話でも検討したように、ヒトは、ある行動が適応的であることに気づきさえすれば、とくにそのような行動を引き起こす遺伝子を持っていなくても、適応行動ができるようになります。また、そのような行動が集団中に維持されている理由も、淘汰によって、トウガラシを食べる人の残す子どもの数が、トウガラシを食べない人の残す子どもの数よりも多いからではありません。文化的伝達によるのです。そうすると、たとえ、トウガラシを食べる遺伝子を持った人がいたとしても、そういう遺伝子を持っていない人も同じようにトウガラシを食べるのですから、遺伝子の意味はあまりなくなってしまうでしょう。

第9章でご紹介した統計によれば、男性には一夫多妻傾向があり、浮気をしたいと思う傾向があるようです。この三つの統計からは、まだ何ともいえませんが、いまこのことが統計的に証明されたとしましょう。いくつもの文化で共通にそのようなことが見つかれば、それは、男性の中に遺伝的に組み込まれた行動であるといえるでしょうか？　ヒトの男女の潜在的繁殖速度を比較すると男性の方が速く、したがって、もしも次の相手を見つけることができさえすれば（そして、自分でするにせよ、誰か他人を搾取してやらせるにせよ、子どもの世話を十分にすることができるのならば）、男性は一夫多妻的に振舞うことによって自分自身の繁殖成功度を高めていくことができます。それは、進化生物学の予測と合致しています。しかし、そこから自動的に、これが遺伝的基盤を持つ行動であり、そのようにふるまう男性の繁殖成功度が高いから、この傾向が維持されてきたとはいえないということは、トウガラシを食べる行動と同じ理由によります。

いずれにせよ、特定の行動を支配する遺伝子が発見されない限り、遺伝か学習かを決定することはできません。しかし、もしも遺伝子が発見されたらどうだというのでしょう？　遺伝子の支配なのだからしかたがないということになるのでしょうか？

いいえ、そうはなりません。たとえば、殺人には何か遺伝的な理由があることがわかったとしたら、殺人をとりしまることをやめるでしょうか？　ある病気が遺伝的なものであることがわかったら、それを治療する方法を見つけるのをあきらめるでしょうか？　そんなことはないでしょう。真の問題は、遺伝的な基盤があるかないかではありません。その現象を望ましいとするか、望ましくないとするかは、私たちが判断することであり、望ましくないと判断するのなら、遺伝的原因があってもなくても、私たちは何か対策を考えていくでしょう。

## 進化生物学がもたらす視点——繁殖上の利益と損失

ここまでの間にくわしく検討してきたように、進化生物学の論法は、浅薄な考えでヒトに応用すると、たいへん誤った結論を（かなりの説得力をもって）導き出すもととなります。しかし、だからといって、進化生物学の手法は敬遠すべきものではありません。この手法の有効なところは、行動を引き起こす原因が遺伝であるのか学習であるのかにかかわらず、行動のもたらす利益と損失、ある行動をとると、それが誰にとってどんな利益・損失をもたらし、その結果、他の個体にはどんな利益・損失をもたらすのかということを明確に分析できることにあるのです。

進化生物学は、生物が示すさまざまな行動がなぜ出現し、なぜ集団中に保たれているのかを解明していきます。そのためには、そのような行動を引き起こす遺伝子を想定し、いろいろな行動が行為者にもたらす繁殖上の利益と損失を計算して、どの行動を引き起こす遺伝子が集団中に広まるかを議論します。

ヒトの行動は、こういったモデルが想定しているような遺伝子に支配されてはいないでしょう。しかし、ある行動が行為者にもたらす利益と損失を分析するという進化生物学の視点は、ヒトの行動や社会構造の解明に大きな貢献をすると思います。ヒトの場合は、他の動物のように、個体が基本の単位となっているのではなく、家族や集団の利益が重んじられていることが多いことは、すでに述べました。ヒトではまた、利益と損失というものも、動物のように子どもの数だけで測られるのではなく、金銭、自分の好み、自分自身の快適さなど、実にいろいろな尺度があるでしょう。進化生物学は、複雑にからみ合った諸要因をときほぐし、誰がどんな利益や損失を受けるのかを分析する手法を与えてくれるところに意味があるのです。第10章では、人間の文化に現れた、男女の関係にかかわるいくつかの現象を、この手法を用いて分析してみました。

どんな社会、どんな男女関係を築くべきか

さきほど、現象の科学的説明をすることは現象を正当化することではないといいました。第9章と第10章で、ヒトは個人が独立した単位として生存してはいかれないこと、女性は子育てのための協力を男性か自分の家族に求めること、ヒトの性と繁殖は、当の男女自身の繁殖上の利益を考えてというよりは、「家族」対「家族」の競争や協調の関係の中での利益を考慮してアレンジされていること、大切な資源を男性が管理している社会では、女性の行動のあらゆる面でのコントロール、性に関するダブル・スタンダードなど多くのことが、夫による配偶者の防衛と父性の確認をめぐってくわだてられていることなどを述べてきました。ですから、もちろん、これらの説明を行うことによって、「このようなことはみな、仕方のないことなのだ」といっているのではありません。

これらは、みな、人類のこれまでの歴史の中で作られ、これまでの文化の中で起こってきたことです。文化は永久不変のものではありませんし、同じ歴史的状況が永遠に続くわけでもありません。私たちが判断してよくないと思ったものは、自分たちで変えていけばよいのです。しかし、変えていくにあたっては、それらの諸制度や習慣が行われている真の原因を見すえ、なぜそのような現象が起きているのかを理解してかからないと変化は現実的にならないでしょう。

　人類の長い歴史の中でも、私たちは、最近の数百年の間に格別の進歩を遂げました。それは、人権や個人の自由や福祉の概念の発達であり、科学技術の進歩です。前に、暑い地方でトウガラシを食べる行動は、おそらく適応的なのだろうと述べました。それでは現在のこの世の中で、暑い地方でトウガラシを食べないと、とくに非適応的でしょうか？　現在の生活条件は、昔と同じではありません。医療やさまざまな技術が進歩しましたし、公衆衛生も進歩しました。ほかに食べる物の選択の度合も増えました。ですから、おそらく、いまのトウガラシは、昔ほどの適応的価値はないでしょう。

　それと同様に、多くの社会で社会の基盤にある男女の分業は、もとは、男女の基本的な体力の差や、女性は出産するが男性はしないなどのことが理由で始まったのでしょう。しかし、科学技術の進歩によって、男女の体力の差が決定的に重要となる作業は減りつつあります。ハリウッド映画のマッチョな男優が素手で電柱を倒したりすると、すごいなあと思いますが、それと同じことを私がブルドーザーか何かを使ってできるのであれば、素手でやることにそれほどの意味はなくなります。

　そしてなによりも、「個人の自由」、「平等」、「人権」、「福祉」の概念が社会生活を大きく変えました。自由と平等と人権の概念により、いろいろな社会の不公平が是正されるようになりましたが、家族の意志によって本人の意志が抑圧される結婚もよくないものとなり、結婚は、当事者の男女の愛情と相互理解に基づく相互扶助関係とみなされるようになりました。そうなると、浮気はどちらにとっても、この相互扶助契約の違反ですから、妻の浮気だけが非難されることもなくなります。また、結婚が男女の相互理解のもとに営まれるものであれば、浮気も、その当の男女の間の個人的問題です。また、個人の価値観は多様になり、子どもだけが人生で、子どもを産むことだけが女性の価値と思われることもなくなりつつあります。

そして、まだまだ不十分とはいえ、さまざまな福祉の制度が発達した結果、子育てのための助力を夫か親類だけにしか求められないこともなくなりました。社会福祉や保険制度の発達により、老後の生活をみてもらうために子どもがたくさんいなければ困るということもなくなりました。女性による社会進出は、男性による資源の独占的管理を、いろいろな面で減らしつつあります。

これらのことはすべて、私たちが自分たちで築き上げてきたものです。このような方向で社会変革を行ってきたのは、私たちの選択だったのです。こういった社会状況の変化の結果、それ以前の社会状況に基づく、これまでのヒトの文化に根深く組み込まれてきたさまざまな女性の行動のコントロール、美徳、価値観、女らしさ、男らしさの概念などは、その存立の基盤を失ってきているのでしょう。

女はこれこれであるべき、というさまざまな価値観は、文化の中に根深く入り込んでいますが、そのような価値観が立脚していた根拠は、生産手段に関する権利を持たない女性が、生活全般にわたって夫の援助と支配を受け、夫はそのかわり妻の性行動のみならず行動全般をコントロールして配偶者防衛する、結婚前の女性の家族も、そのようなコントロールに服しやすい女性を作り上げることを理想とする、というところにありました。そして、これらの価値観が築かれてきた時代には、人権と平等の概念も個人の自由の概念もありませんでした。しかし、この百数十年の変化は、これらの根拠を徐々にくずしてきたのです。

そして、近年ではとくに、セクハラ、パワハラに関する感性も敏感になりましたし、女性が結婚後も社会に出て働くことが当たり前になりました。男性が一人働けば、家族四人を養えるという時代ではなくなりました。それでも、文化の変化は急速には起こりません。新しい状況が出現しているにもかかわらず、男性も女性もとまどっているのでしょう。現代の私たちは、一八世紀以来の近代社会が築いてきた新しい概念と科学技術の進歩の結果、社会が大きく変わってきているのにもかかわらず、文化のある面は少しも変わっていない、という矛盾に直面して、その矛盾が男女の関係に鮮鋭に表れている時代に生きているのだと思います。

これから先、どのような社会を作り、どのような男女の関係を築いていくのかは、私たち自身の選択です。古い価値観は、なかなか一朝一夕にはなくならないでしょう。先にも述べましたように、美徳、名誉、貞節、女らしさ、男らしさなどといった、価値観の基盤が本当はどんなところにあるのかということを人々が意識せずに保たれてきている価値観は、なおさら、すぐには変化しないでしょう。それと同時に、私たちが、ヒトという生物の持っている生物としての制約を完全に乗り越えることもできないでしょう。これらすべての障壁にもかかわらず、時代とともに、文化が私たちをより賢く、より自由にしていくことを信じたいと思います。

# あとがき

以前、私は、『クジャクの雄はなぜ美しい？』（紀伊國屋書店刊）という本を書きました。それは、本書の第8章でとり上げた配偶者の選り好みに関する話題について、現代の研究の最先端を伝えるとともに、発表以来、雌による選り好みという考えがどのように扱われてきたかをまとめたものです。

本書では、配偶者の選り好みについてだけではなく、「配偶者」などというものの存在のもとである「性」が持つさまざまな側面について、その進化生物学をまとめてみました。『クジャクの雄はなぜ美しい？』の方では、テーマが限られていますので、個々の問題点をくわしくとり上げ、それらが一つ一つ解決されていく方法を十分に描写することができました。ですから、自然科学の仕事が実際に行われていく現場の状況のなにがしかをお伝えすることができたと思います。

この本では、テーマが性全体に広くなりましたから、個々の問題について、それがどのように取り組まれ、どのような実験や観察により明らかにされていったかということをくわしく描写することはできませんでした。そのかわり、「性」という不思議な現象を多面的に解説し、その延長上に、こういった生物学の知識が、人間の男女の問題を考える上でどのように役に立つのか、少しばかり光を投げかけてみることにしました。

本文にも書きましたように、ヒトというのはかなり特殊な動物ですから、生物一般を分析するときの方法をそのまま応用することはもちろんできません。また、集団遺伝学と生態学に基づく議論の表面だけを借りてきて、遺伝も生態も無視してヒトを語ることは間違いです。しかし、私は、ヒトというものはまったく他の動物とは異なるもので、ヒトの行動や心理、その社会のなりたちの理解を深めるのに生物学の知識は無用であるとも思いません。本書で私は、そういった分析の一端をご紹介しました。賛否はいろいろあるでしょうし、ここでとり上げなかった問題もたくさんあります。今後も考え続けていきたいと思っています。

現在の自然科学は、細分化し専門化した結果、専門分野の研究者以外の人にはなかなか理解できないものになってしまいました。このように細分化し専門化しているからこそ、特定の問題について急速に解決が進み、理解が深まることも事実ですが、広く一般の人々に理解して頂けないのでは、不幸というものです。おまけに、現在の自然科学は、研究費の多くを国民の税金を初めとする公的な費用でまかなっています。そうなると、研究を支える資金を供給してくれる人々に、研究の成果をわかりやすく伝えるのは、研究者の義務といってもよいでしょう。

ところが昔から、大学の研究者の間では、本当にまじめな研究者は一般向けの本を書いたりするものではないという考えがありました。私も以前はそう思っていたものです。どこで読んだのか忘れましたが、イギリスのある有名な学者が死んだときに、「彼は立派な学者だった。仲間うちではあまねく知られ、世間には知られることなく」というのが、学者への賛辞として述べられたという話を読んだことがあります。

しかし、これは一種のスノビズムでしょう。もし、本当の研究者が一般世間に向けて自分の研究の成果を書かなければ、科学の成果を多くの人に楽しんでもらうことができないばかりでなく、正しい科学的知識に基づかない本がはびこることにもなります。やはり、実際に国民からお金をもらって、実際に研究をする人々が、科学の成果、科学の価値を人々に向かって書くべきなのだと私は思います。

もう一つ、最近のフェミニズムの動向として、とくにアメリカなどでは、従来「雄と雄」というように雄をつねに先にして書いてきた表現を、ことさらに「雌と雄」というように逆転させて表現することがよく行われています。しかし、本書ではとくにそういうことはしませんでした。そのことに込められた意味は私も十分に理解するのですが、日本語の語感として、私には、従来の「雄と雌」という表現の方がしっくりするという理由によります。

本書は、明治学院大学と専修大学で、「性」に関する総合科目というものを開講したときのノートをもとに書きました。「性」について、生物学者、社会学者、心理学者などが集まり、さまざまな視点から性を分析するという講義ですが、これに参加させて頂いたことにより、実に多くを学び、考えを発展させることができました。明治学院大学の橋本肇先生、齊藤栄一先生、専修大学の広瀬裕子先生、および両コースの学生諸君に感謝します。講談社の渡部佳延氏には本書の初めからいろいろな助言をいただきました。最後に、夫の長谷川寿一には、本書の作製のみならず、生活のあらゆる面にわたって援助を受けました。よき配偶者に感謝したいと思います。

# 文庫版あとがき

本書のもとになった書物（『オスとメス＝性の不思議』講談社現代新書）は、一九九三年に刊行されました。早いもので、あれからもう三〇年にもなります。当時、ここでお話ししたような雄と雌をめぐる進化の研究は、急速に進展していました。私もそのような研究の現場にいたので、新発見を報告する楽しさにあふれていました。

それと同時に、当時の社会（とくに日本の社会）は、まだ今よりもずっと男性中心、男性優位の社会だったので、私を含めて多くの研究者は、動物の雌雄の進化に関する研究から、女性差別をなくす方向への変化を人間社会に起こそうという気負いがありました。本書のもとになった書物の書き振りには、そんな興奮が現れていたと思います。

しかし、三〇年が経って、時代はずいぶんと変わりました。雄と雌をめぐる動物行動学や進化生物学ももちろん進展しましたが、何よりも、人間社会がずいぶん変化しました。今では、一九九三年当時に比べれば、日本社会であっても、あからさまな女性差別ははっきりと糾弾されるようになりましたし、ジェンダー観も変化しました。男性による育児休暇の取得はまだ少ないとは言うものの、かつてとは隔世の感があります。

そんな中、もとの書物は絶版になっていたのですが、筑摩書房からのお勧めにより、少し手直しして再発行する運びとなりました。大筋のところは変わりませんが、いくつかアップデートしたり書き加えたりしたのが本書です。普段、雄と雌をめぐる進化生物学にあまり触れることのない読者の方々に手に取っていただければと思います。

この三〇年で、私たちの社会が持つ性に関する概念は大きく変化しました。女性差別は、無意識のうちにはまだ残っていますが、おおっぴらにそのような態度を取ることは許されなくなりました。しかし、これは長年にわたる変化の延長上のものでしょう。なによりも、同性愛、同性婚、性の不一致といったことが重要問題として取り上げられるようになり、ＬＧＢＴＱという名称で、そのような人々の権利について表立って論じられるようになったことは、最大の変化かもしれません。

私の研究は、動物行動学、もう少し詳しく言えば行動生態学、そして、もう少し広く言えば進化生物学です。研究対象とした動物はいろいろありましたが、究極的には、ヒトの性差について解明したいと考えており、それは進化人類学の範疇になります。このような研究分野では、雄と雌はなぜあるのか、雄と雌の行動戦略はどのように異なるのかといった問題が主眼であり、そのような違いを引き起こす細かいメカニズムを直接の研究対象とすることはありません。

そこで、本書のもととなった書物では、性決定のメカニズムそのものについては触れませんでした。しかし、今や、たとえ少数ではあれ、同性愛や性の不一致の問題で悩む人たちに注目せざるを得ません。ここで、単に、「進化的には雄と雌の二つの性しか存在しない」と言っているばかりでは不十分だと思いましたので、第3章を付け加えました。性決定のメカニズムは本当に複雑で、私自身、とても完全に理解しているとは言えません。それでも、生物学は、そのような問題に対しても、何らかの知見を提供することはできることを示したつもりです。

もうひとつ、三〇年前と現在とで大きく異なるのは、ヒトという生物が共同繁殖の生物であるという認識でしょう。ヒトの子育てが大変な仕事であり、とても母親一人で育てるのが無理なことは、昔から理解されていました。母親には、ほかからの助力が絶対に必要なのです。その助力の求め先は、父親である男性か、家族だと考えられてきました。それはそうなのですが、もっと広く、血縁者も非血縁者も含め、多くの人々からの助力を得なければ、ヒトの子どもは育たないという認識に達し、共同繁殖という言葉が使われるようになったのは、この一〇年ほどのことでしょうか。ヒトの子育てや男女をめぐる問題を考えるときには、「共同繁殖」ということがキーワードになると思います。

最後に、自然主義の誤謬について述べておきましょう。本書の最後でも述べましたが、科学的に「〇〇という現象がある」という描写やその原因の理解と、「〇〇であるべきだ」という価値観とは、まったく別ものです。それを混同し、「〇〇である」のだから「〇〇であるべきだ」と論じることを、自然主義の誤謬と呼びます。

本書でも何度も述べましたが、「ヒトという動物は空を飛ぶことはできない」という事実から、「ヒトは空を飛ぼうとしてはいけない」という価値観を導くのはおかしいと、誰もが思うに違いありません。しかし、それ以外の問題について、とくに男女の問題については、いとも簡単にこの誤謬が議論に入り込むのを見てきましたので、もう一度指摘しておきたいと思います。

「ヒトは空を飛ぶことはできない」というのは事実ですが、だからと言って、「空を飛びたい」という欲望を消すことはできませんでした。そして、なんとか工夫して飛を望むかによるのです。

行機その他の機械を発明し、その願望をかなえているのです。同様に、「雄と雌はこのように違う」という事実があったとしても、「それをそのままにしておかねばならない」という価値判断が自動的に導かれるわけではありません。それは、私たちが何を望むかによるのです。

空を飛ぶことができないヒトという動物が、飛行機その他によってその願望をかなえると、飛ぶことによるコストが生じます。時差ボケもその一つでしょう。それと同様に、雄と雌の違いを超えて何かを成し遂げようとすると、それにもいろいろなコストが伴うはずです。それでも、私たちは理想に向かって問題解決をしていくことができます。そのような理性を信じ、男、女、ＬＧＢＴＱのすべての人々にとって、よりよい社会ができることを願ってやみません。

筑摩書房の永田士郎さまには、新たな改訂版の出版にあたり、大変にお世話になりました。ここに感謝の意を表したいと思います。

長谷川眞理子

本書は、一九九三年三月に講談社現代新書として刊行された『オスとメス＝性の不思議』に加筆修正を加え、「第3章　性決定の機構」を増補して文庫化したものです。

**解剖学教室へようこそ**　養老孟司

解剖すると何が「わかる」のか。動かぬ肉体という具体から、どこまで思考が拡がるのか。養老ヒト学の原点を示す記念碑的一冊。（南直哉）

**考えるヒト**　養老孟司

意識の本質とは何か。私たちはそれを知ることができるのか。脳と心の関係を探り、無意識に目を向ける。自分の頭で考えるための入門書。（玄侑宗久）

**理不尽な進化** 増補新版　吉川浩満

進化論の面白さはどこにあるのか？　科学者の論争を整理し、俗説を覆し、進化論の核心をしめす。アートとサイエンスを鮮やかに結ぶ現代の名著。（養老孟司）

**いのちと放射能**　柳澤桂子

放射性物質による汚染の怖さ。癌や突然変異が引き起こされる仕組みをわかりやすく解説し、命を受け継ぐ私たちの自覚を問う。（永田文夫）

**したたかな植物たち【春夏篇】**　多田多恵子

スミレ、ネジバナ、タンポポ。道端に咲く小さな植物は、動けないからこそ、したたかに生きている！身近な植物たちのあっと驚く私生活を紹介します。

**したたかな植物たち【秋冬篇】**　多田多恵子

ヤドリギ、ガジュマル、フクジュソウ。美しくも奇妙な生態にはすべて理由があります。人知れず花を咲かせ、種子を増やし続ける植物の秘密に迫る。

**野に咲く花の生態図鑑【春夏篇】**　多田多恵子

野に生きる植物たちの美しさとしたたかさに満ちた生存戦略の数々。植物への愛をこめて綴られる珠玉のネイチャー・エッセイ。カラー写真満載。

**野に咲く花の生態図鑑【秋冬篇】**　多田多恵子

寒さが強まる過酷な季節にあえて花を咲かせ実をつける理由とは？　人気の植物学者が、秋から早春にかけて野山を彩る植物の、知略に満ちた生態を紹介。

**花と昆虫、不思議なだましあい発見記**　田中肇　正者章子

ご存じですか？　道端の花々と昆虫のあいだで、驚くべきかけひきが行なわれていることを。花と昆虫のだましあいをイラストとともにやさしく解説。

**クマにあったらどうするか**　姉崎等　片山龍峯

「クマは師匠」と語り遺した狩人が、アイヌ民族の知恵と自身の経験から導き出した超実践クマ対処法。クマと人間の共存する形が見えてくる。（遠藤ケイ）

**身近な虫たちの華麗な生きかた**　稲垣栄洋　小堀文彦・画

地べたを這いながらも、いつか華麗に変身することを夢見てしたたかに生きる身近な虫たちを紹介する。精緻で美しいイラスト多数。（小池昌代）

**身近な野の草 日本のこころ**　稲垣栄洋　三上修・画

日本の里山や畔道になにげなく生えている野草は、食用や染料としていつも私たちのそばにあった。50種を文章と緻密なペン画で紹介。（岡本信人）

**ドングリの謎**　盛口満

ドングリって何？　食べられるの？　虫が出てくるのはなぜ？　拾いながら、食べながら考えた「ドングリの謎」。楽しいイラスト多数。（チチ松村）

**ブルース・キャット**　岩合光昭

どこにいてもネコは自由！　地中海の埠頭やイタリア古都の路地からガラパゴス諸島まで、世界各地の街で出会ったネコたちの、とびきり幸せな写真集。

**老人力**　赤瀬川原平

20世紀末、日本中を脱力させた名著『老人力』と『老人力②』が、あわせて文庫に！　ぼけ、ヨイヨイ、もうろくに潜むパワーがここに結集する。

**片想い百人一首**　安野光雅

オリジナリティーあふれる本歌取り百人一首とエッセイ。読み進めるうちに、不思議と本歌も頭に入ってきて、いつのまにやらあなたも百人一首の達人に。

**笑ってケツカッチン**　阿川佐和子

ケツカッチンとは何ぞや。ふしぎなテレビ局での毎日。時間に追われながらも友あり旅ありおいしいものありのちょっといい人生。（阿川弘之）

**「下り坂」繁盛記**　嵐山光三郎

人の一生は、「下り坂」をどう楽しむかにかかっている。真の喜びや快感は「下り坂」にあるのだ。あちこちにガタがきても、愉快な毎日が待っている。

**杏のふむふむ**　杏

連続テレビ小説「ごちそうさん」で国民的な女優となった杏が、それまでの人生を、人との出会いをテーマに描いたエッセイ集。（村上春樹）

**泥酔懺悔**　朝倉かすみ、中島たい子、瀧波ユカリ、平松洋子、室井滋、中野翠、西加奈子、山崎ナオコーラ、三浦しをん、大道珠貴、角田光代、藤野可織

泥酔せずともお酒を飲めば酔っ払う。お酒の席は飲める人には楽しく、下戸には不可解。お酒を介した様々な光景を女性の書き手が綴ったエッセイ集。

**向田邦子との二十年**　久世光彦

あの人は、あり過ぎるくらいあった始末におえない胸の中のものを誰にだって、一言も口にしない人だった。時を共有した二人の世界。（新井信）

**文房具56話**　串田孫一

使う者の心をときめかせる文房具。どうすればこの小さな道具が創造力の源泉になりうるのか。文房具の想い出や新たな発見、工夫や悦びを語る。

**ポケットに外国語を**　黒田龍之助

言葉への異常な愛情で、外国語本来の面白さを伝えるエッセイ集。ついでに外国語学習が、もっと楽しくなるヒントもつまっている。（堀江敏幸）

**私の東京地図**　小林信彦

オリンピック、バブル、再開発で目まぐるしく変わる東京だが、街を歩けば懐かしい風景に出会う。今と昔の東京が交錯するエッセイ集。（えのきどいちろう）

**減速して自由に生きる**　髙坂勝

自分の時間もなく働く人生よりも自分の店を持ち人と交流したいと開店。具体的なコツと、独立した生き方。一章分加筆。帯文＝村上龍（山田玲司）

**ゴッチ語録　決定版**　後藤正文

ロックバンドASIAN KUNG-FU GENERATIONのフロントマンが綴る音楽のこと。対談＝宮藤官九郎他。コメント＝谷口鮪(KANA-BOON)

**私の猫たち許してほしい**　佐野洋子

少女時代を過ごした北京。リトグラフを学んだベルリン。猫との奇妙なふれあい。著者のおいたちと日常をオムニバス風につづる。（高橋直子）

**アカシア・からたち・麦畑**　佐野洋子

ふり返ってみたいような、ふり返りたくないような小さかった時。甘美でつらかったあの頃が時のむこうで色鮮やかな細密画のように光っている。

**私はそうは思わない**　佐野洋子

佐野洋子は過激だ。ふつうの人が思うようには思わない。大胆で意表をついたまっすぐな発言をする。だから読後が気持ちいい。（群ようこ）

**神も仏もありませぬ**　佐野洋子

還暦……もう人生おりたかった。でも春のきざしの蕗の薹に感動する自分がいる。意味なく生きても人は幸せなのだ。第3回小林秀雄賞受賞。（長嶋康郎）

**猫の文学館Ⅰ**　和田博文編

寺田寅彦、内田百閒、太宰治、向田邦子……いつの時代も、作家たちは猫が大好きだった。猫の気まぐれに振り回されている猫好きに捧げる47篇!!

**猫の文学館Ⅱ**　和田博文編

夏目漱石、吉行淳之介、星新一、武田花……思わずぞくっとして、ひっそり涙したくなる35篇を収録。猫好きに放つ猫好きによるアンソロジー。

**ラピスラズリ**　山尾悠子

言葉の海が紡ぎだす、〈冬眠者〉と人形と、春の目覚めの物語。不世出の幻想小説家が20年の沈黙を破り発表した連作長篇。補筆改訂版。（千野帽子）

**増補 夢の遠近法**　山尾悠子

「誰かが私に言ったのだ／世界は言葉でできていると」。誰も夢見たことのない世界が、ここではじめて言葉になった。新たに二篇を加えた増補決定版。

**歪み真珠**　山尾悠子

「歪み真珠」すなわちバロックの名に似つかわしい絢爛で緻密、洗練を極めた作品の数々。読んだらきっと虜になる美しい物語の世界へようこそ。（諏訪哲史）

**とりつくしま**　東直子

死んだ人に「とりつくしま係」が言う。モノになってこの世に戻れますよ。妻は夫のカップに弟子は先生の扇子になった。連作短篇集。（大竹昭子）

**通天閣**　西加奈子

このしょーもない世の中に、救いようのない人生に、ちょっぴり暖かい灯を点す驚きと感動の物語。第24回織田作之助賞大賞受賞作。（津村記久子）

**冠・婚・葬・祭**　中島京子

人生の節目に、起こったこと、出会ったひと、考えたこと。冠婚葬祭を切り口に、鮮やかな人生模様が描かれる。第143回直木賞作家の代表作。（瀧井朝世）

**絶滅寸前季語辞典**　夏井いつき

「従兄煮」「蚊帳」「夜這星」「竈猫」……季節感が失われ、風習が廃れて消えていく季語たちに、新しい命を吹き込む読み物辞典。（茨木和生）

**花の命はノー・フューチャー**　ブレイディみかこ

移民、パンク、LGBT、貧困層。地べたから見た英国社会をスカッとした笑いとともに描く。200頁分の大幅増補！　推薦文＝佐藤亜紀（栗原康）

ちくま文庫


オスとメス＝進化の不思議

二〇二三年二月十日　第一刷発行

著　者　長谷川眞理子（はせがわ・まりこ）

発行者　喜入冬子

発行所　株式会社　筑摩書房

東京都台東区蔵前二―五―三　〒一一一―八七五五

電話番号　〇三―五六八七―二六〇一（代表）

装幀者　安野光雅

印刷所　三松堂印刷株式会社

製本所　三松堂印刷株式会社





ISBN978-4-480-43814-0　C0145